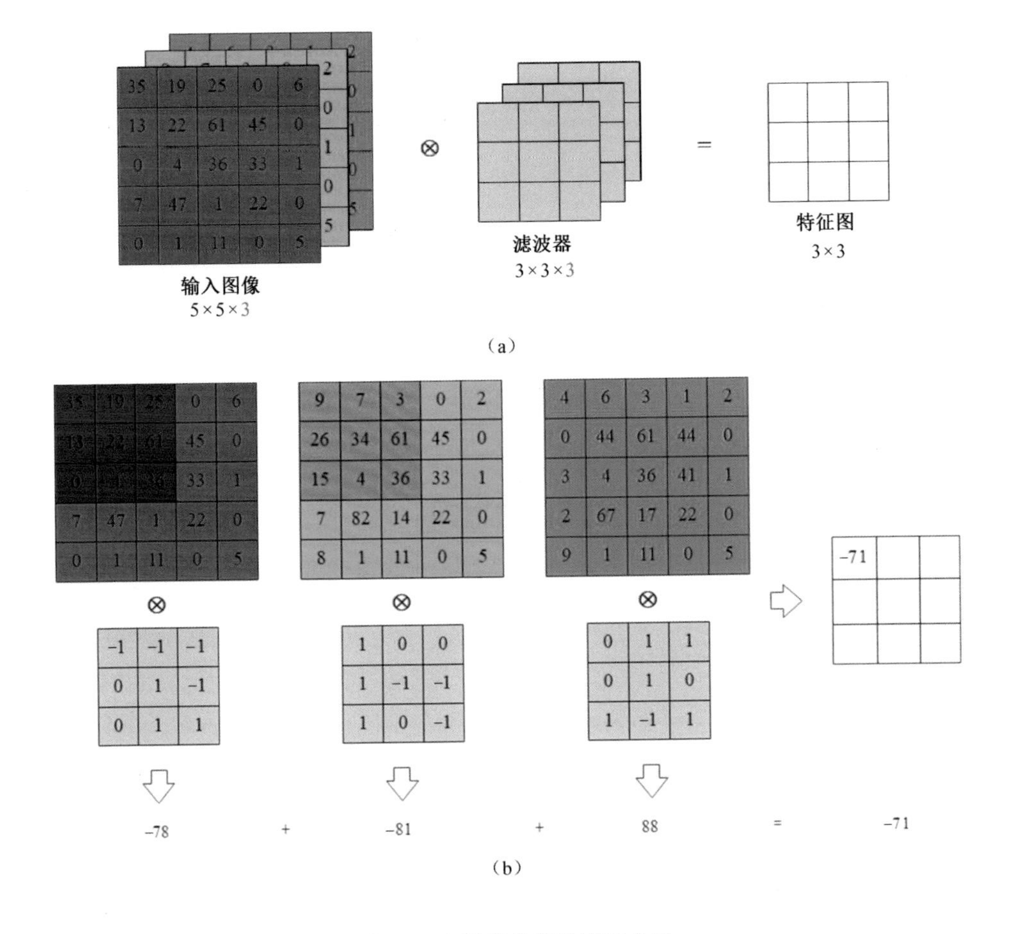

图 2-5　多通道卷积计算示意图

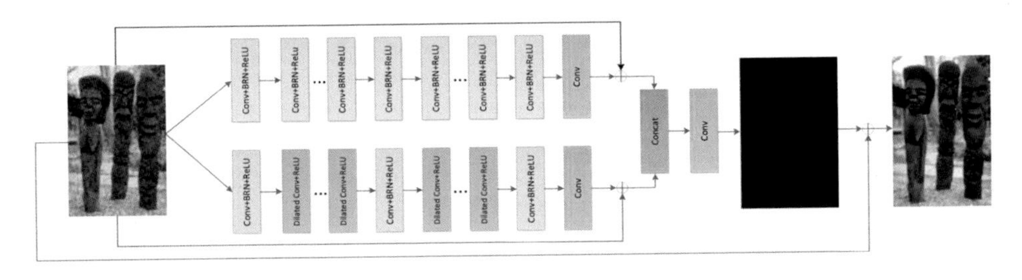

图 3-2　面向图像去噪的双路径卷积神经网络结构

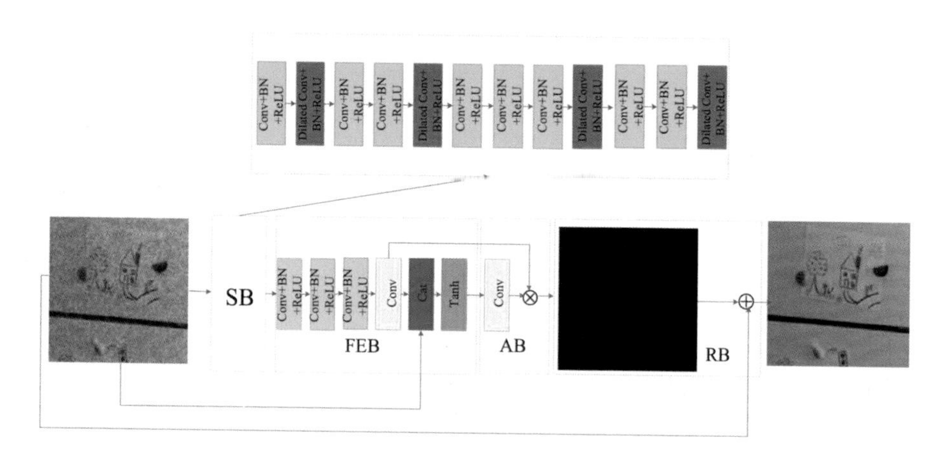

图 4-1 面向图像去噪的注意力引导去噪卷积神经网络结构

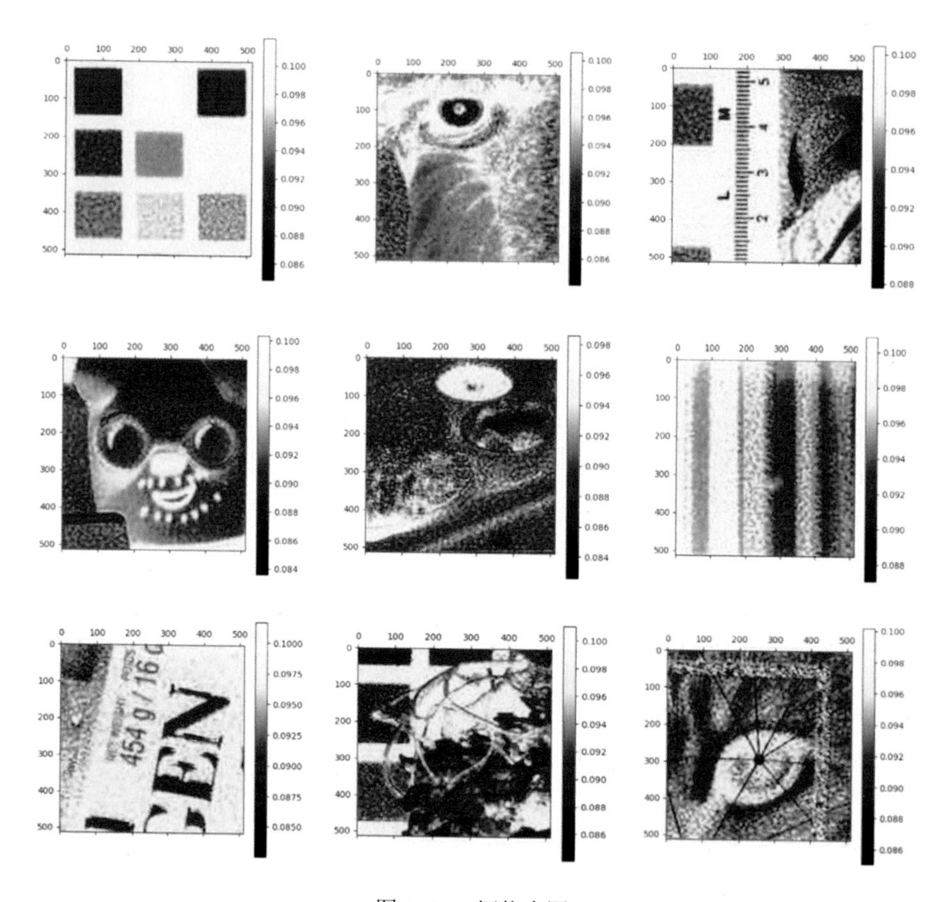

图 4-4　9 幅热力图

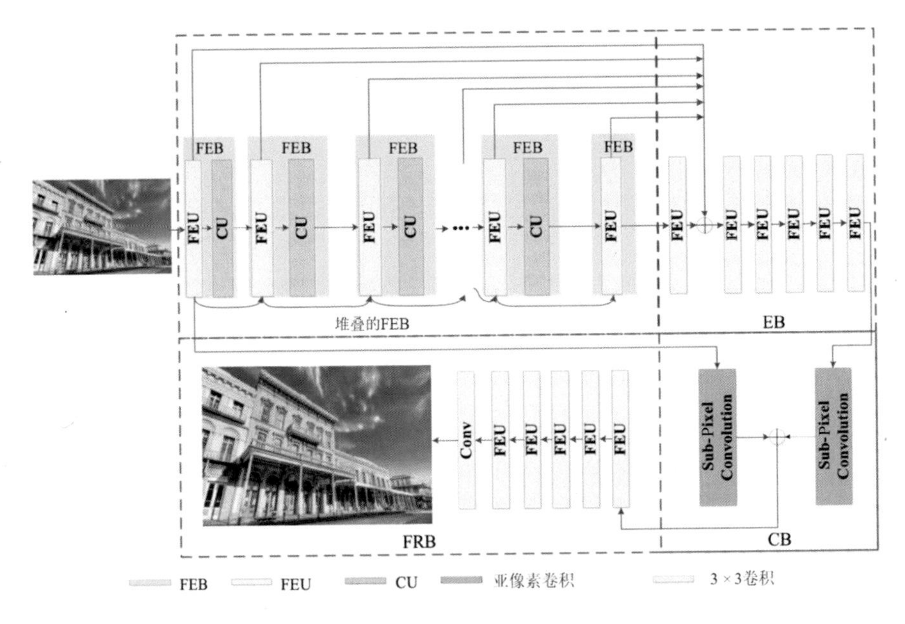

图 5-1　面向图像超分辨率的模块深度卷积神经网络结构

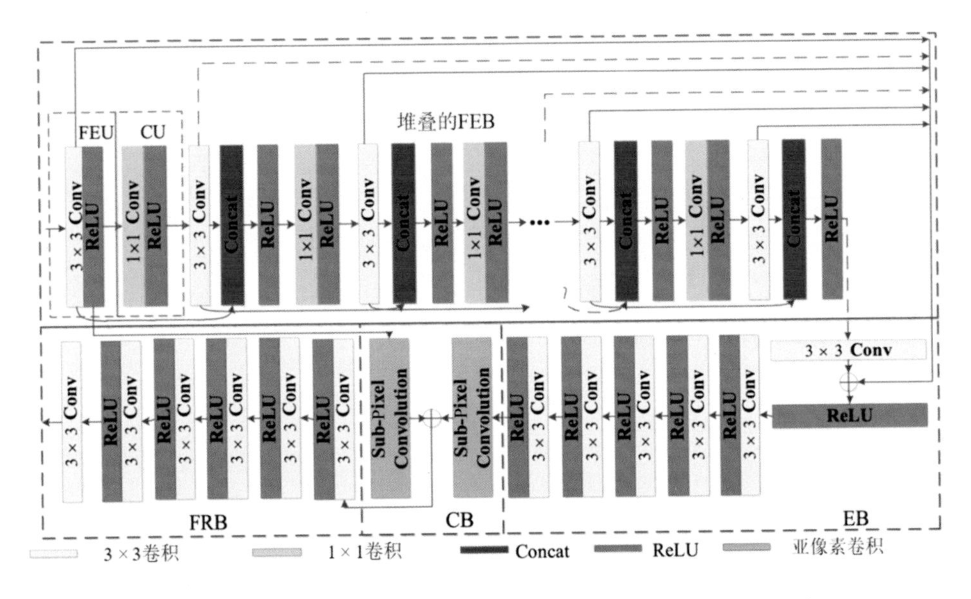

图 5-2　面向图像超分辨率的模块深度卷积神经网络结构（细节图）

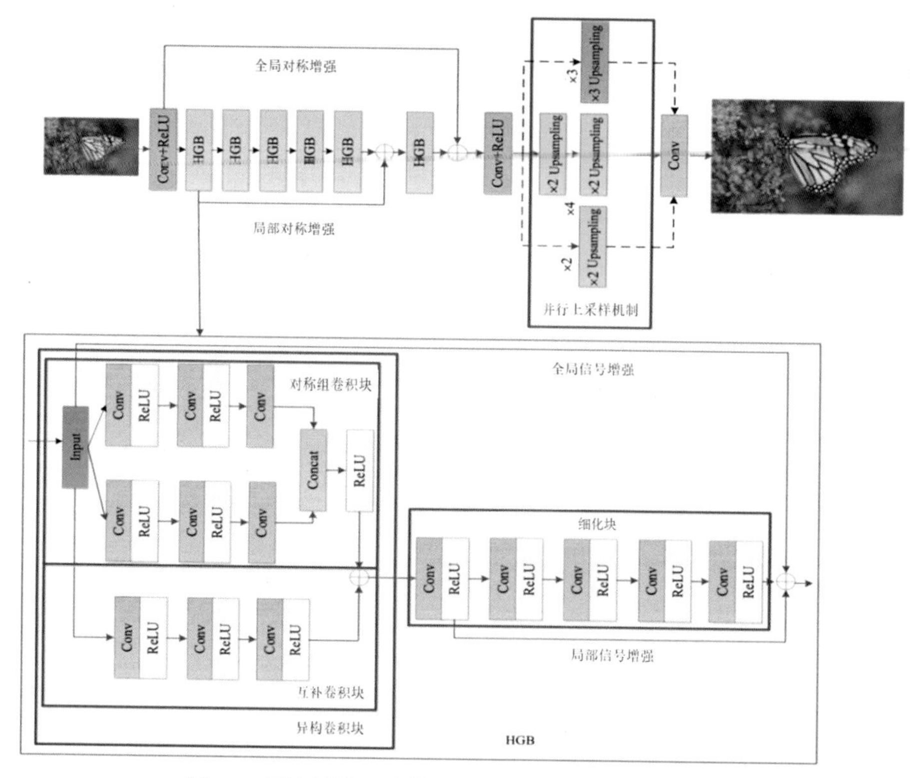

图 6-1　面向图像超分辨率的异构组卷积神经网络结构

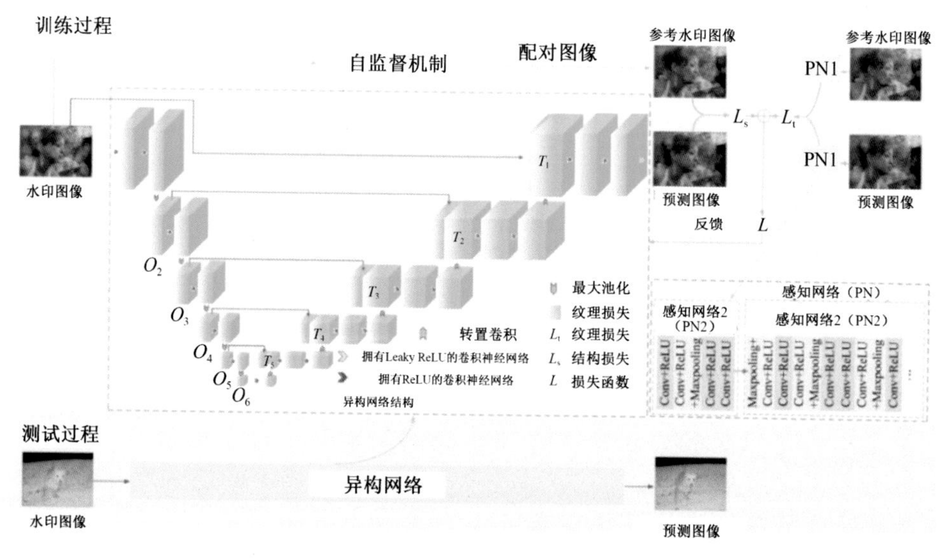

图 7-1　自监督卷积神经网络结构

深度学习与图像复原

田春伟　左旺孟　著

電子工業出版社
Publishing House of Electronics Industry
北京 · BEIJING

内 容 简 介

随着数字技术的飞速发展，图像已成为一种至关重要的信息载体，无论是社交媒体上的图像分享、新闻报道中的图像应用，还是医疗领域的图像分析，数字图像以其独特的直观性和高效性广泛渗透于人们日常生活的诸多领域。然而，图像质量往往受到相机晃动、噪声干扰和光照不足等多种因素的影响，这给精确的图像分析带来了巨大挑战。图像复原技术可以消除受损图像中的干扰信号，并重构高质量图像。为此，本书深入剖析了图像复原技术的最新进展，并探索了深度学习技术在图像复原过程中的关键作用。

本书集理论、技术、实践于一体，不仅可以为相关领域的学者和学生提供宝贵的学术资源，还可以为工业界的专业人士提供利用先进技术解决实际问题的方法。

本书面向对深度学习与图像复原知识有兴趣的爱好者及高校相关专业学生，期望读者能有所收获。

图书在版编目（CIP）数据

深度学习与图像复原 / 田春伟，左旺孟著. -- 北京 : 电子工业出版社，2024. 9. -- ISBN 978-7-121-48304-2

Ⅰ. TP181

中国国家版本馆 CIP 数据核字第 2024W69N64 号

责任编辑：冯　琦
印　　刷：河北虎彩印刷有限公司
装　　订：河北虎彩印刷有限公司
出版发行：电子工业出版社
　　　　　北京市海淀区万寿路 173 信箱　　　邮编：100036
开　　本：720×1000　1/16　印张：13　字数：249 千字　彩插：2
版　　次：2024 年 9 月第 1 版
印　　次：2025 年 3 月第 2 次印刷
定　　价：88.00 元

凡所购买电子工业出版社图书有缺损问题，请向购买书店调换。若书店售缺，请与本社发行部联系，联系及邮购电话：（010）88254888，88258888。

质量投诉请发邮件至 zlts@phei.com.cn，盗版侵权举报请发邮件至 dbqq@phei.com.cn。

本书咨询联系方式：（010）88254434，fengq@phei.com.cn。

前　言

随着互联网与多媒体技术的不断发展，电子图像设备已经逐渐成为人们沟通和交流的重要工具。同时，随着信息时代的到来，电子图像设备已经在航天探索、大气监测、灾难救援、侦察监视、疾病诊断和娱乐办公等方面得到了广泛应用。然而，在图像拍摄过程中，电子图像设备成像容易受多方面因素的干扰。例如，物体运动、相机晃动、噪声干扰、光照不足、传输通道受损等都会影响采集的图像质量并可能导致出现图像退化现象。低质量图像不仅会给用户带来较差的视觉体验，对于一些对细节要求较高的场景，如医学诊断、安全监控等，还可能造成严重的后果。因此，将低质量图像复原为高质量图像具有十分重要的意义。目前，图像复原技术的研究已经成为多个领域的热点。

图像复原是指通过图像处理技术对受损图像进行修复，以提高图像质量和增强可视化效果。作为计算机图像处理领域的重要研究方向之一，图像复原技术涵盖多方面内容，包括受损图像复原的图像去噪、低分辨率图像复原的图像超分辨率、有水印图像复原的图像去水印和去模糊等。

图像复原技术在过去几十年中取得了显著的研究进展。早期的图像复原技术采用基于数学模型和信号处理技术的方法，主要通过对图像进行滤波来提高图像质量。随着统计学和机器学习的发展，图像复原技术逐渐引入了统计学和概率模型，对受损图像进行建模和参数估计。随后，利用先验知识使图像变得更平滑，从而更有效地恢复高质量图像的细节信息。近年来，深度学习技术在图像复原领域取得了巨大的突破与发展。该技术具有强大的学习和记忆能力，能够提取更有效的特征，并通过端到端的方式建立图像复原模型，从而实现图像复原。深度学习技术在图像复原中具有显著的优势，如自适应学习能力和更丰富的特征表示。因此，深入研究深度学习与图像复原技术具有重要的理论价值和实际应用价值。

本书主要介绍深度学习与图像复原技术，共 8 章。第 1 章为基于传统机器学习的图像复原方法，从图像去噪、图像超分辨率、图像去水印三个方面详细介绍了早期的图像复原方法及其原理。第 2 章为基于卷积神经网络的图像复原方法基础，介绍了卷积神经网络的基本概念和原理。同时，通过相关领域的代表性工作详细介绍了基于卷积神经网络的图像去噪方法、图像超分辨率方法、图像去水印方法。第 3 章为基于双路径卷积神经网络的图像去噪方法，介绍了在该方法的实现中使用的相关技术，如空洞卷积技术、残差学习技术等，并详细介绍了面向图像去噪的双路径卷积神经网络的网络结构、损失函数，以及重归一化技术、空洞卷积技术和残差学习技术的结合利用；同时，对实验结果进行了分析。第 4 章为基于注意力引导去噪卷积神经网络的图像去噪方法，介绍了稀疏机制和特征增强机制，以及注意力机制和重构机制，并根据实验结果分析了该方法的性能。第 5 章为基于级联卷积神经网络的图像超分辨率方法，介绍了基于级联结构的深度卷积神经网络、基于模块深度卷积神经网络的图像超分辨率，并通过实验结果展示了级联卷积神经网络在图像超分辨率方面的效果。第 6 章为基于异构组卷积神经网络的图像超分辨率方法，介绍了面向图像超分辨率的异构组卷积神经网络，并通过实验结果分析了异构组卷积神经网络在图像超分辨率方面的应用效果。第 7 章为基于自监督学习的图像去水印方法，介绍了自监督学习相关技术，以及面向图像去水印的自监督学习方法，对基于自监督学习的图像去水印方法进行了分析和性能比较，并对实验结果进行了分析。第 8 章为总结与展望，对深度学习与图像复原技术进行了总结，探讨了其发展趋势与方向。

限于著者水平，书中难免存在疏漏与不足之处，敬请读者批评指正。

著者

2024 年 9 月

目　录

第1章

基于传统机器学习的图像复原方法

图像复原的目标是采用特定方法将低质量图像恢复为高质量图像，主要需要完成图像去噪、图像超分辨率、图像去水印等任务。传统机器学习方法在图像复原任务中被广泛应用。然而，由于传统机器学习方法在图像复原任务中存在一些局限性，如需要手工设置参数、在测试过程中需要采用复杂的优化算法等，目前已逐渐被深度学习方法替代。尽管如此，基于传统机器学习的图像复原方法仍然具有一定的研究和实用价值，有助于读者了解图像复原技术的发展过程；深入了解相关的基础知识，也能为开展进一步研究提供思路。

1.1 图像去噪

1.1.1 图像去噪任务简介

图像噪声是指在图像获取、图像传输等过程中产生的干扰信号。噪声会影响图像的细节、边缘信息、清晰度，不仅会严重影响图像的可视化效果，还会对图像的后续处理工作造成影响。图像去噪的目标是通过图像去噪技术消除或减弱图像中的噪声，恢复图像质量，便于进行图像分析与处理。

1.1.2 基于传统机器学习的图像去噪方法

随着对图像去噪研究的不断深入，图像去噪技术取得了很大进展，并已广泛应用于日常生活、医学检测等多个领域。本节根据图像去噪的不同原理和方法，对常见的基于传统机器学习的图像去噪方法进行总结。

基于变换的图像去噪方法通常能够更好地保留图像的细节特征，且计算效率高。例如，小波变换能够进行多尺度分析并在不同尺度下实现图像去噪。同时，选用合适的阈值对小波系数进行处理，可以较好地保留图像的细节特征。然而，这类方法依赖的函数较多，计算复杂度较高。小波变换去噪的基本思想如下：首先，利用小波变换的多尺度分析能力分离图像中的信号和噪声；其次，通过阈值处理减弱噪声；最后，利用逆小波变换重建去噪后的图像。基于小波变换的图像去噪示例代码如算法 1-1 所示，该算法使用 Python 的 PyWavelets 库实现。注意：实际的图像去噪任务更复杂，需要使用更高级的模型和算法。此代码的目的是帮助读者理解图像去噪算法的基本概念。

算法 1-1　基于小波变换的图像去噪示例代码

```
import pywt
import cv2
import numpy as np
def wavelet_image_denoising(image_path, wavelet='db1', level=1):
    # 读取图像
    img = cv2.imread(image_path, cv2.IMREAD_GRAYSCALE)

    # 多级小波变换
    coeffs = pywt.wavedec2(img, wavelet=wavelet, level=level)
    coeffs_h = list(coeffs)

    # 处理系数
    for i in range(1, len(coeffs_h)):
    coeffs_h[i] = tuple([pywt.threshold(v, value=0.5*np.max(v), mode=
    'soft') for v in coeffs_h[i]])

    # 重构图像
    img_reconstructed = pywt.waverec2(coeffs_h, wavelet=wavelet)

    # 将重构图像的数据类型转换为 uint8
    img_reconstructed = np.clip(img_reconstructed, 0, 255)
    img_reconstructed = img_reconstructed.astype('uint8')

    # 显示原始图像和去噪后的图像
    cv2.imshow('Original', img)
    cv2.imshow('Denoised', img_reconstructed)
```

```
    cv2.waitKey(0)
    cv2.destroyAllWindows()

# 调用去噪函数
wavelet_image_denoising('path_to_your_image.jpg')
```

基于统计模型的图像去噪方法（如主成分分析、对数似然期望等）通过引入先验知识指导去噪过程，对图像进行建模。这类方法能更好地还原图像的真实细节信息，从而改善去噪效果。但相对于其他方法，其复杂度相对较高。当噪声与模型不相符时，采用这类方法可能无法完成图像去噪任务。基于主成分分析和对数似然期望的图像去噪示例代码分别如算法 1-2 和算法 1-3 所示。

算法 1-2　基于主成分分析的图像去噪示例代码

```
import numpy as np
import cv2
from sklearn.decomposition import PCA
from sklearn.preprocessing import StandardScaler
from skimage import io

def pca_image_denoising(image_paths, n_components=0.95):
    # 读取图像，并将其转换为灰度图像
    images = [cv2.cvtColor(cv2.imread(path), cv2.COLOR_BGR2GRAY) for
    path in image_ paths]
    images = np.array(images)
    # 将图像数据展开成一维数组
    n_samples, h, w = images.shape
    data = images.reshape(n_samples, h * w)

    # 标准化数据
    data = StandardScaler().fit_transform(data)

    # 应用 PCA
    pca = PCA(n_components=n_components)
    data_transformed = pca.fit_transform(data)

    # 重构图像
    data_inverse = pca.inverse_transform(data_transformed)
    images_reconstructed = data_inverse.reshape(n_samples, h, w)
```

```
    # 显示原始图像和重构后的图像
    for i in range(len(images)):
        cv2.imshow(f'Original Image {i+1}', images[i])
        reconstructed_img = np.clip(images_reconstructed[i], 0, 255)
        cv2.imshow(f'Reconstructed Image {i+1}', reconstructed_img.
        Astype (np.uint8))
        cv2.waitKey(0)
        cv2.destroyAllWindows()

# 调用 PCA 去噪函数，确保将下面的路径替换为图像路径列表
image_paths = [image_path1.jpg', 'image_path2.jpg',
'image_path3.jpg']
pca_image_denoising(image_paths)
```

算法 1-3　基于对数似然期望的图像去噪示例代码

```
import numpy as np
import matplotlib.pyplot as plt

# 向图像添加高斯噪声
def add_noise_to_image(image, noise_variance=0.01):
    noise = np.random.normal(0, np.sqrt(noise_variance), image.shape)
    noisy_image = image + noise
    return noisy_image

# 估计图像的噪声参数（这里简化为计算方差）
def estimate_noise(noisy_image):
    m, n = noisy_image.shape
    noise_variance = np.var(noisy_image) / 2  # 简化的噪声估计
    return noise_variance

# 基于估计的噪声参数去噪
def denoise_image(noisy_image, noise_variance):
    # 假设原始图像和噪声是独立的，这里使用简化模型去噪
    denoised_image = noisy_image - noise_variance  # 简化的去噪方法
    return denoised_image

# 创建示例图像
image_size = (100, 100)
original_image = np.ones(image_size)
```

```
# 向图像添加噪声
noise_variance = 0.05
noisy_image = add_noise_to_image(original_image, noise_variance)

# 估计噪声并去噪
estimated_noise_variance = estimate_noise(noisy_image)
denoised_image = denoise_image(noisy_image,
estimated_noise_variance)

# 显示图像
fig, ax = plt.subplots(1, 3, figsize=(15, 5))
ax[0].imshow(original_image, cmap='gray')
ax[0].set_title('Original Image')
ax[1].imshow(noisy_image, cmap='gray')
ax[1].set_title('Noisy Image')
ax[2].imshow(denoised_image, cmap='gray')
ax[2].set_title('Denoised Image')
plt.show()
```

基于稀疏表示的图像去噪方法（如稀疏编码等）能够提取图像的稀疏结构和解决优化问题约束，从而有效抑制噪声成分。这类方法适用于不同类型的噪声，具有较好的泛化能力；但计算复杂度较高，需要大量的计算资源。基于稀疏编码的图像去噪示例代码如算法 1-4 所示。

算法 1-4　基于稀疏编码的图像去噪示例代码

```
import numpy as np
import cv2
from sklearn.decomposition import MiniBatchDictionaryLearning
from sklearn.linear_model import OrthogonalMatchingPursuit
from sklearn.feature_extraction.image import extract_patches_2d,
reconstruct_ from_patches_2d

def sparse_coding_denoising(image_path, patch_size=(8, 8),
n_components=100, alpha=0.5):
    # 读取图像，并将其转换为浮点数
    Img = cv2.imread(image_path, cv2.IMREAD_GRAYSCALE). astype(np.
    float64)
    # 提取图像中的所有小块
    print("Extracting reference patches...")
```

```
    patches = extract_patches_2d(img, patch_size)
    patches = patches.reshape(patches.shape[0], -1)
    patches -= np.mean(patches, axis=0)  # 去中心化
    patches /= np.std(patches, axis=0)  # 标准化
                                        # 使用 MiniBatchDictionary
                                          Learning 学习字典
    print("Learning the dictionary...")
    dico = MiniBatchDictionaryLearning(n_components=n_components,
    alpha =alpha, n_iter= 500)
    V = dico.fit(patches).components_

    # 使用 OMP，基于学习到的字典重构图像
    print("Reconstructing the image from the sparse representation...")
    omp = OrthogonalMatchingPursuit(n_nonzero_coefs= n_components)
    code = omp.fit(V, patches.T).coef_
    patches_reconstructed = np.dot(V.T, code).T

    # 反标准化和反去中心化
    patches_reconstructed *= np.std(patches, axis=0)
    patches_reconstructed += np.mean(patches, axis=0)

    # 重构图像
    img_reconstructed = reconstruct_from_patches_2d
(patches_reconstructed.reshape(patches. shape[0], *patch_size),
img.shape)

    # 将重构图像的数据类型转换为 uint8
    img_reconstructed = np.clip(img_reconstructed, 0, 255)
    img_reconstructed = img_reconstructed.astype(np.uint8)

    # 显示原始图像和去噪后的图像
    cv2.imshow('Original Image', img.astype(np.uint8))
    cv2.imshow('Denoised Image', img_reconstructed)
    cv2.waitKey(0)
    cv2.destroyAllWindows()
    # 调用去噪函数
sparse_coding_denoising('path_to_your_image.jpg')
```

基于非负矩阵分解的图像去噪方法虽然能够提供对图像的直观解释，适用于非负图像的去噪，但是对训练数据的依赖性较强，以及在计算复杂度和参数选择

等方面存在困难。基于非负矩阵分解的图像去噪示例代码如算法 1-5 所示。

算法 1-5　基于非负矩阵分解的图像去噪示例代码

```
import numpy as np
import cv2
from sklearn.decomposition import NMF
from sklearn.preprocessing import normalize
def nmf_image_denoising(image_path, n_components=50):
    """
    使用 NMF 进行图像去噪操作
    :param image_path: 待去噪图像的路径
    :param n_components: NMF 分解的组件数量
    """
    # 读取图像，并将其转换为灰度图像
    img=cv2.imread(image_path,cv2.IMREAD_GRAY).astype(np.float32)

    # 将图像数据归一化到 0～1
    img_normalized = img / 255.0

    # 将图像数据转换为二维矩阵 (pixels, features)
    w, h = img_normalized.shape
    img_reshaped = img_normalized.reshape((w * h, 1))

    # 应用 NMF
    model = NMF(n_components=n_components, init='random', random_state
    =0)
    W = model.fit_transform(img_reshaped)
    H = model.components_

    # 重构图像
    img_reconstructed = W.dot(H).reshape((w, h))

    # 将重构图像的数据类型转换回 0～255 的 uint8
    img_reconstructed = np.clip(img_reconstructed * 255, 0, 255).
    astype(np. uint8)
    # 显示原始图像和去噪后的图像
    cv2.imshow('Original', img.astype(np.uint8))
    cv2.imshow('Denoised', img_reconstructed)
    cv2.waitKey(0)
    cv2.destroyAllWindows()
# 调用去噪函数
```

```
nmf_image_denoising('path_to_your_image.jpg', n_components=50)
```

除了上述方法，还有基于相似性的图像去噪方法。总之，不同的图像去噪方法各有其优/缺点，在实际应用中，需要根据图像的特点和应用场景选择合适的方法对图像进行处理。基于传统机器学习的图像去噪方法总结如表 1-1 所示。

表 1-1　基于传统机器学习的图像去噪方法总结

图像去噪方法	特点	典型方法	算法原理
基于变换的图像去噪方法	通过将图像从原始域转换到变换域，利用变换域的特性对图像进行去噪处理	傅里叶变换（Fourier Transform，FT）	将图像从时域转换到频域，利用频域信息去噪
		小波变换（Wavelet Transform，WT）	将图像在时域和频域之间进行转换，以提供信号的时域局部信息。将信号分解为不同尺度的信息，通过对小波系数进行阈值处理来去噪
		离散余弦变换（Discrete Cosine Transform，DCT）	将图像从时域转换到频域，选择合适的阈值对频域系数进行处理，并通过逆变换实现频域到时域的转换，从而实现去噪
		曲波变换（Curvelet Transform，CVT）	对图像进行分析，建立噪声模型并应用适当的滤波方法去噪
基于统计模型的图像去噪方法	基于图像的统计特性建模，并利用该模型对图像进行去噪处理	主成分分析（Principal Component Analysis，PCA）	将图像的像素视为随机变量，并对图像进行降维操作来估计噪声，以减小噪声的影响
		最小均方误差（Minimum Mean-Squared Error，MMSE）	通过最小化均方误差来估计噪声和减小噪声的影响
		最大后验概率（Maximum a Posteriori，MAP）	基于贝叶斯估计原理，结合图像的先验信息和观测数据，通过最大化后验概率来实现图像去噪
		对数似然期望（Log-Likelihood Expectation，LLE）	利用概率模型，通过最大似然估计来推测真实的图像信息，并根据图像的统计信息实现去噪
基于稀疏表示的图像去噪方法	利用图像在某个稀疏表示域中的稀疏性和字典表示，通过求解稀疏表示的优化问题来恢复图像	稀疏编码（Sparse Coding，SC）	利用稀疏表示的原理将图像表示为一个稀疏系数矩阵，通过优化稀疏系数矩阵来实现图像去噪

续表

图像去噪方法	特点	典型方法	算法原理
基于非负矩阵分解的图像去噪方法	将图像表示为非负矩阵的乘积，将矩阵分解并最小化重构误差，从而实现去噪	非负矩阵分解（Non-negative Matrix Factorization，NMF）	对非负矩阵进行分解，并将图像表示为基向量和系数矩阵的乘积，从而实现去噪
基于相似性的图像去噪方法	利用图像中相似区域的特征减小噪声的影响	非局部均值（Non-Local Mean，NLM）	利用图像中的非局部信息实现去噪，利用图像中的相似块信息估计噪声和减小噪声的影响
		三维块匹配（Block-Matching 3D，BM3D）	通过块聚合和三维滤波方法，利用块之间的相似性实现去噪并保留图像细节

1.2　图像超分辨率

1.2.1　图像超分辨率任务简介

图像的分辨率指图像中存储的信息量。高分辨率（High-Resolution，HR）图像包含的信息量大，能够有效呈现图像的细节信息；低分辨率（Low-Resolution，LR）图像包含的信息量小，图像相对粗糙，难以准确呈现图像的细节信息。图像超分辨率的目标是将低分辨率图像重构为相应的高分辨率图像，提高图像的分辨率。图像超分辨率技术已经在多个领域得到广泛应用。例如，在医学领域，利用图像超分辨率技术能将医学影像中的病灶区域放大，获取高分辨率图像，方便医生进行观察和诊断。

1.2.2　基于传统机器学习的图像超分辨率方法

本节根据不同的原理和方法进行划分，总结常见的基于传统机器学习的图像超分辨率方法，主要包括 3 种方法：基于插值的图像超分辨率方法、基于重构的图像超分辨率方法及基于学习的图像超分辨率方法。

基于插值的图像超分辨率方法直接利用插值算法对低分辨率图像进行计算，操作简单，实现较为容易；但是无法补充低分辨率图像本身缺失的高频结构信息，所获得的高分辨率图像往往不够清晰，并可能产生伪细节。基于最近邻插值的图像超分辨率示例代码如算法 1-6 所示。

算法 1-6　基于最近邻插值的图像超分辨率示例代码

```
import cv2
import numpy as np
def nearest_neighbor_interpolation(image_path, scale_factor):
    # 读取图像
    img = cv2.imread(image_path)

    # 获取原始图像的尺寸
    h, w = img.shape[:2]

    # 计算放大后的图像尺寸
    new_h, new_w = int(h * scale_factor), int(w * scale_factor)

    # 创建一个新的图像矩阵
    resized_img = np.zeros((new_h, new_w, 3), dtype=np.uint8)

    for i in range(new_h):
        for j in range(new_w):
            # 计算最近邻像素的坐标
            y = min(int(i / scale_factor), h - 1)
            x = min(int(j / scale_factor), w - 1)
            # 将最近邻像素的值赋给新图像
            resized_img[i, j] = img[y, x]
    return resized_img
image_path = 'path_to_your_image.jpg' # 替换为自主的图像路径
scale_factor = 2 # 将图像放大 2 倍
resized_image = nearest_neighbor_interpolation(image_path,
scale_factor)

# 显示原始图像和放大后的图像
cv2.imshow('Resized Image', resized_image)
cv2.waitKey(0)
cv2.destroyAllWindows()
```

基于重构的图像超分辨率方法（如基于非局部相似性的图像超分辨率算法、稀疏编码与重构图像超分辨率算法等）能够从低分辨率图像中提取细节和纹理信息，使图像更清晰，但会引入一些伪细节，导致图像的还原不够真实。基于非局部相似性的图像超分辨率示例代码如算法 1-7 所示。该算法是一个简化的概念示例，说明如何应用非局部相似性的基本思想实现图像超分辨率，实际的基于非局部相似性的图像超分辨率算法更复杂。

算法 1-7　基于非局部相似性的图像超分辨率示例代码

```
import cv2
import numpy as np
def upscale_with_nonlocal_means(image_path, upscale_factor=2):
    # 读取图像
    img = cv2.imread(image_path, cv2.IMREAD_GRAYSCALE)

    # 使用 OpenCV 的 resize 函数，用最近邻插值方法对图像进行初步放大
    img_upscaled =cv2.resize(img, None, fx=upscale_factor, fy=
upscale_factor, interpolation= cv2.INTER_NEAREST)

    # 对放大后的图像进行非局部均值去噪，模拟基于非局部相似性的图像超分辨率。这
      里的 h 用于控制滤波强度，templateWindowSize 和 searchWindowSize 决定了
      搜索相似块的范围
    img_denoised=cv2.fastNlMeansDenoising(img_upscaled, h=10, template
    WindowSize=7, searchWindowSize=21)
    return img_denoised

image_path = 'path_to_your_image.jpg'  # 替换为图像路径
upscaled_image = upscale_with_nonlocal_means(image_path,
upscale_factor=2)

# 显示结果
cv2.imshow('Upscaled Image', upscaled_image)
cv2.waitKey(0)
cv2.destroyAllWindows()
```

基于学习的图像超分辨率方法（如支持向量机回归、随机森林回归、马尔可夫随机场等）能利用机器学习算法学习更准确的图像特征，从而获得高质量的超分辨率图像；但是需要通过手动选择参数来获得最优模型，训练复杂度较高。基于支持向量机回归的图像超分辨率示例代码如算法 1-8 所示。

算法 1-8　基于支持向量机回归的图像超分辨率示例代码

```
import cv2
import numpy as np
```

```
from sklearn.svm import SVR
from sklearn.model_selection import train_test_split
from sklearn.preprocessing import StandardScaler

def create_dataset_from_image(image_path, upscale_factor=2):
    img = cv2.imread(image_path, cv2.IMREAD_GRAYSCALE)
    h, w = img.shape

    # 创建低分辨率和高分辨率图像对
    low_res = cv2.resize(img, (w // upscale_factor, h // upscale_factor),
    interpolation=cv2. INTER_LINEAR)
    high_res = cv2.resize(low_res, (w, h), interpolation= cv2.INTER_
    LINEAR)

    # 提取特征和标签
    features = low_res.flatten().reshape(-1, 1)
    labels = high_res.flatten()
    return features, labels

def train_svr_model(features, labels):
    # 数据划分
    X_train, X_test, y_train, y_test = train_test_split(features,
    labels, test_size=0.2, random_state=42)

    # 特征标准化
    scaler = StandardScaler()
    X_train_scaled = scaler.fit_transform(X_train)
    X_test_scaled = scaler.transform(X_test)

    # 训练 SVR
    svr = SVR(kernel='rbf')
    svr.fit(X_train_scaled, y_train)

    # 测试模型
    score = svr.score(X_test_scaled, y_test)
    print(f"Model accuracy: {score}")
    return svr, scaler

def super_resolve_image(image_path, svr_model, scaler, upscale_factor
=2):
    img = cv2.imread(image_path, cv2.IMREAD_GRAYSCALE)
```

```
    h, w = img.shape
    low_res = cv2.resize(img, (w // upscale_factor, h // upscale_
              factor), interpolation=cv2. INTER_LINEAR)

    # 将低分辨率图像转换为特征
    features = low_res.flatten().reshape(-1, 1)
    features_scaled = scaler.transform(features)

    # 使用模型预测高分辨率图像
    high_res_flat = svr_model.predict(features_scaled)
    high_res_img = high_res_flat.reshape(low_res.shape[0] * upscale_
                   factor, low_res.shape[1] * upscale_factor)
    return high_res_img

# 创建数据集并训练模型
features, labels = create_dataset_from_image ('path_to_your_image.
                   jpg', upscale_ factor=2)
svr_model, scaler = train_svr_model(features, labels)

# 对新图像进行超分辨率操作
high_res_image=super_resolve_image('path_to_your_test_image.jpg',
svr_model, scaler, upscale_ factor=2)

# 显示结果
cv2.imshow('High Resolution Image', high_res_image.astype
(np.uint8))
cv2.waitKey(0)
cv2.destroyAllWindows()
```

不同的图像超分辨率方法各有优点和缺点，因此需要根据图像的特点和应用场景选择合适的方法对图像进行处理。

基于传统机器学习的图像超分辨率方法总结如表 1-2 所示。

表 1-2　基于传统机器学习的图像超分辨率方法总结

图像超分辨率方法	特点	典型方法	原理
基于插值的图像超分辨率方法	对低分辨率图像的像素进行重新插值，从而计算得到高分辨率图像	最近邻插值	将最接近待插值点位置的像素值作为待插值点的填充值
		双线性插值	通过加权求和的方式计算待插值点的值。插值的权重是根据待插值点与最近 4 个网格之间的距离计算的

续表

图像超分辨率方法	特点	典型方法	原理
基于插值的图像超分辨率方法		双三次插值	将图像按照一定的比例进行扩展，对于扩展后的图像的每个像素，根据其在原始图像中的位置，使用加权平均的方法计算权重
		Lanczos 重采样	通过增大图像尺寸来提高图像的清晰度和呈现细节信息；通过计算待插值点周围像素的加权平均值来产生新的像素值
基于重构的图像超分辨率方法	采用复杂的先验知识约束解空间，以根据低分辨率图像推测得到高分辨率图像	基于非局部相似性的图像超分辨率算法（NLM-IS）	选取低分辨率图像中的局部补丁，将其作为目标补丁，在高分辨率训练样本中选择非局部相似补丁。利用非局部相似补丁的高分辨率信息进行加权平均等操作，从而获得图像的高分辨率信息
		稀疏编码与重构图像超分辨率算法（SRC-IS）	假设高分辨率图像具有较低的稀疏表示，通过学习稀疏字典，可以根据低分辨率图像推测得到高分辨率图像
基于学习的图像超分辨率方法	采用传统机器学习算法，学习低分辨率图像和高分辨率图像之间的关系，据此预测和获得高分辨率图像	支持向量机（Support Vector Machine，SVM）回归	建立低分辨率图像与高分辨率图像之间的回归模型，采用支持向量机回归方法求解优化问题，实现图像超分辨率
		随机森林回归（Random Forest Regression，RFR）	建立低分辨率图像与高分辨率图像的非线性回归模型，采用随机森林方法进行多决策树的组合和平均，实现图像超分辨率
		马尔可夫随机场（Markov Random Field，MRF）	根据图像像素之间的相互作用建立概率模型，并利用像素之间的空间信息和亮度信息实现图像超分辨率

1.3　图像去水印

1.3.1　图像去水印任务简介

图像水印是一种嵌入图像的信息，用于标识图像的版权或权属等相关信息。图像水印包括可见水印和不可见水印两种。可见水印直接嵌入图像，如文字、图标等；不可见水印通常采用加密或嵌入算法实现，只有授权者才能提取或验证水印的存在，主要用于进行身份验证、数据追踪等。

图像去水印是添加水印的逆过程，是从带有水印的图像中消除或减弱水印的过程，目标是尽可能减小水印对图像质量的影响，还原出与原始图像尽可能相近的图像。

1.3.2　基于传统机器学习的图像去水印方法

在不同的水印类型和嵌入方式下，基于传统机器学习的图像去水印方法存在差异。

基于频域的图像去水印方法可以有效处理频域中的水印信息，其所需的计算资源较少，处理速度较快。但是这类方法在处理过程中可能使图像的细节信息受损。基于小波变换的图像去水印示例代码如算法 1-9 所示。因为对于不同的水印可能需要采用不同的处理策略，所以该算法需要根据水印的具体特性（如频率范围和强度）进行调整。

算法 1-9　基于小波变换的图像去水印示例代码

```
import pywt
import cv2
import numpy as np
def remove_watermark(image_path, wavelet='db1', level=1):
    # 读取图像
    img = cv2.imread(image_path)
    img_gray = cv2.cvtColor(img, cv2.COLOR_BGR2GRAY)

    # 对图像进行二维小波变换
    coeffs = pywt.wavedec2(img_gray, wavelet, level=level)
    cA, (cH, cV, cD) = coeffs[0], coeffs[1]
```

```
    # 估计水印可能在高频部分，尝试去除或减小高频系数
    # 这里做简化处理，只简单地减小高频系数
    cH = cH * 0.5
    cV = cV * 0.5
    cD = cD * 0.5

    # 重构图像
    coeffs[1] = (cH, cV, cD)
    img_watermark_removed = pywt.waverec2(coeffs, wavelet)

    # 将重构图像的数据类型转换为 uint8
    img_watermark_removed = np.clip(img_watermark_removed, 0, 255)
    img_watermark_removed = img_watermark_removed.astype(np.uint8)

    # 显示去水印后的图像
    cv2.imshow('Watermark Removed', img_watermark_removed)
    cv2.waitKey(0)
    cv2.destroyAllWindows()
remove_watermark('path_to_your_watermarked_image.jpg')
```

基于图像恢复的图像去水印方法能够保留较多的图像细节信息，有利于恢复得到高质量图像。但是该方法具有较高的复杂度，对计算资源有大量需求。基于 PatchMatch 算法的图像去水印示例代码如算法 1-10 所示。

算法 1-10　基于 PatchMatch 算法的图像去水印示例代码

```
import cv2
import numpy as np
def patch_match_inpaint(image_path, mask_path):
    # 读取图像和水印掩码
    img = cv2.imread(image_path)
    mask = cv2.imread(mask_path, 0)

    # 将掩码二值化，确保水印区域为白色（255），其他区域为黑色（0）
    _, mask_bin = cv2.threshold(mask, 127, 255, cv2.THRESH_BINARY)

    # 使用 OpenCV 的 inpaint()方法去水印
    # 这里使用的是 TELEA 填充算法，也可以使用其他算法，如 cv2.INPAINT_NS
    inpainted_img = cv2.inpaint(img, mask_bin, 3, cv2.INPAINT_TELEA)
```

```
    # 显示结果
    cv2.imshow('Original Image', img)
    cv2.imshow('Mask', mask_bin)
    cv2.imshow('Inpainted Image', inpainted_img)
    cv2.waitKey(0)
    cv2.destroyAllWindows()

# 函数调用
image_path = 'path_to_your_image.jpg'  # 替换为图像路径
mask_path = 'path_to_your_mask.jpg'    # 替换为水印掩码路径
patch_match_inpaint(image_path, mask_path)
```

基于学习的图像去水印方法（如支持向量机、随机森林等）不仅有较强的学习能力，还在训练的开销和成本之间进行了相应的权衡。基于随机森林的图像去水印示例代码如算法 1-11 所示（该算法是一个可视化的、概念性的示例）。

算法 1-11　基于随机森林的图像去水印示例代码

```
from sklearn.ensemble import RandomForestRegressor
from skimage import io, transform
import numpy as np

def prepare_data(watermarked_images, clean_images):
    """
    准备训练数据
    :param watermarked_images: 含水印图像列表
    :param clean_images: 无水印图像列表
    :return: 训练特征 X 和目标值 Y
    """
    # 假设所有图像的大小相同
    X, Y = [], []
    for watermarked_img, clean_img in zip(watermarked_images,
clean_images):
        # 这里只是一个示例，实际中可能需要采用更复杂的特征提取方法
        # 提取像素值，将其作为特征
        X.append(watermarked_img.flatten())
        Y.append(clean_img.flatten())
    return np.array(X), np.array(Y)

def train_random_forest(X, Y):
    """
```

```
    训练随机森林模型
    :param X: 训练特征
    :param Y: 目标值
    :return: 训练好的随机森林模型
    """
    model = RandomForestRegressor(n_estimators=100)
    model.fit(X, Y)
    return model

def remove_watermark(rf_model, watermarked_image):
    """
    使用随机森林模型去水印
    :param rf_model: 随机森林模型
    :param watermarked_image: 含水印的图像
    :return: 去水印后的图像
    """
    predicted_pixels = rf_model.predict (watermarked_image.flatten().
reshape(1, -1))
    return predicted_pixels.reshape(watermarked_image.shape)
# 加载或创建训练数据
watermarked_images, clean_images = load_your_data()
X, Y = prepare_data(watermarked_images, clean_images)

# 训练模型
rf_model = train_random_forest(X, Y)

# 去水印
watermarked_image = io.imread('path_to_your_watermarked_image.png')
clean_image = remove_watermark(rf_model, watermarked_image)

# 显示去水印后的图像
io.imshow(clean_image)
io.show()
```

不同的图像去水印方法各有其优点和缺点，因此在实际的应用中，需要根据图像的特点和应用场景选择合适的方法对图像进行处理。基于传统机器学习的图像去水印方法总结如表 1-3 所示。

表 1-3　基于传统机器学习的图像去水印方法总结

图像去水印方法	特点	典型方法	原理
基于频域的图像去水印方法	通过在频域分析水印的频率特征和空间分布，采用滤波、频域修复或频域反变换等方法来减小或消除水印的影响	离散余弦变换	通过离散余弦变换将图像转换到频域，采用频谱分析和阈值处理技术识别并减弱水印的频率特征，并将处理后的频域信息经过逆离散余弦变换转换到空域，以获得去水印后的图像
		小波变换	将图像分解为不同的频率子带，对每个频率子带进行频域分析与处理。通过对频率子带进行阈值处理等来减小水印的影响，最终对小波系数进行逆转换，得到去水印后的图像
		快速傅里叶变换（Fast Fourier Transform，FFT）	将图像从空域转换到频域，分析图像的频谱特征。对频谱中的异常成分进行分析，识别和减小水印的影响，并将处理后的信息经过逆变换转换到空域
基于图像恢复的图像去水印方法	利用图像中的高频结构信息和上下文信息重构水印附近的丢失细节，以实现水印区域与相邻图像区域的融合	PatchMatch	根据图像纹理和结构信息，采用近似最近邻搜索的方式将匹配的纹理从适合的位置复制到目标位置
		Gradient Inpainting	通过梯度传播来填补水印区域。梯度传播通过保持修复区域与周围区域的平滑度和连续性来达到去水印的效果
基于学习的图像去水印方法	通过采用传统机器学习方法学习图像中水印的特征，并对图像进行一定的处理来去水印	支持向量机	采用支持向量机的方法学习含水印和无水印图像之间的差异，以实现对水印的修复和去除
		随机森林	构建多决策树，利用投票或平均的方式去水印

1.4　本章小结

本章从图像复原的 3 个任务出发，简要介绍了图像复原涉及的图像去噪、图像超分辨率及图像去水印的相关概念和作用，总结了这 3 个任务中基于传统机器学习的常见方法及各类方法的优点和缺点。

参考文献

[1] ARGONIS A, CHRISTOU A, OBERST J. Observations of Meteors in the Earth's Atmosphere: Reducing Data from Dedicated Double-Station Wide-Angle Cameras[J]. Astronomy & Astrophysics, 2018, 618:A99.

[2] JI Z X, XIA Y, SUN Q S, et al. Fuzzy Local Gaussian Mixture Model for Brain Mr Image Segmentation[J]. IEEE Transactions on Information Technology in Biomedicine, 2012, 16(3):339-347.

[3] GOYAL B, DOGRA A, AGRAWAL S, et al. Image Denoising Review: From Classical to State-of-the-Art Approaches[J]. Information Fusion, 2020, 55:220-244.

[4] PORTILLA J, STRELA V, WAINWRIGHT M J, et al. Image Denoising Using Scale Mixtures of Gaussians in the Wavelet Domain[J]. IEEE Transactions on Image Processing, 2003, 12(11):1338-1351.

[5] DELAKIS I, HAMMAD O, KITNEY R I. Wavelet-Based Denoising Algorithm for Images Acquired with Parallel Magnetic Resonance Imaging (MRI)[J]. Physics in Medicine & Biology, 2007, 52(13):3741.

[6] TAORI P, DASARARAJU H K. Introduction to Python[J]. Essentials of Business Analytics: An Introduction to the Methodology and its Applications, 2019, 264:917-944.

[7] LEE G, GOMMERS R, WASELEWSKi F, et al. PyWavelets: A Python Package for Wavelet Analysis[J]. Journal of Open Source Software, 2019, 4(36):1237.

[8] YU G, SAPIRO G. DCT Image Denoising: A Simple and Effective Image Denoising Algorithm[J]. Image Processing on Line, 2011, 1:292-296.

[9] STARCK J L,CANDES E J, DONOHO D L. The Curvelet Transform for Image Denoising[J]. IEEE Transactions on Image Processing, 2002, 11(6):670-684.

[10] MURESAN D D, PARKS T W. Adaptive Principal Components and Image Denoising[C]//Image Processing, 2003. ICIP 2003. Proceedings. 2003 International Conference on.IEEE, 2003.DOI:10.1109/ICIP.2003.1246908.

[11] ZHANG H P, NOSRATINIA A, WELLS R O. Image Denoising Via Wavelet-

Domain Spatially Adaptive FIR Wiener Filtering[J]. Istambul: IEEE Int. Conf. on 63 Acoustics, Speech and Signal Processing, 2000, 5:2179-2182.

[12] GELMAN A, CARLIN J B, STERN H S, et al. Bayesian Data Analysis[M]. Boca Raton: Chapman and Hall/CRC, 1995.

[13] ZORAN D, WEISS Y. From Learning Models of Natural Image Patches to Whole Image Restoration[C]//2011 International Conference on Computer Vision, 2011:479-486.

[14] DABOV K, FOI A, KATKOVNIK V, et al. Image Denoising by Sparse 3-D Transformdomain Collaborative Filtering[J]. IEEE Transactions on Image Processing, 2007,16(8):2080-2095.

[15] BUADES A,COLL B, MORE I J M, A Non-local Algorithm for Image Denoising[C]//IEEE Computer Society Confererence on Computer Vision and Pattern Recognition, 2005:60-65.

[16] GUO Q, ZHANG C M, ZHANG Y F, et al. An Efficient SVD-Based Method for Image Denoising[J]. IEEE Transactions on Circuits and Systems for Video Technology, 2015, 26(5):868-880.

[17] YUE L W, SHEN H F, LI J, et al. Image Super-Resolution: The Techniques, Applications, and Future[J]. Signal Processing, 2016:128, 389-408.

[18] RUKUNDO O, CAO H Q. Nearest Neighbor Value Interpolation[J]. arXiv Preprint arXiv:1211.1768, 2012.

[19] LI X, MICHAEL T O. New Edge-Directed Interpolation[J]. IEEE Transactions on Image Processing 10, 2001:1521-1527.

[20] ROBERT K.Cubic Convolution Interpolation for Digital Image Processing[J]. IEEE Transactions on Acoustics, Speech, and Signal Processing 29, 1981:1153-1160.

[21] DUCHON C E. Lanczos Filtering in One and Two Dimensions[J]. Journal of Applied Meteorology, 1979, 18(8):1016-1022.

[22] DAI S Y, HAN M, XU W, et al. SoftCuts: A Soft Edge Smoothness Prior for Color Image Super-resolution[J]. IEEE Transactions on Image Processing, 2009, 18(5):969-981.

[23] YANG J C, JOHN W, THOMAS S H, et al. Image Super Resolution Via Sparse Representation[J]. IEEE Transactions on Image Processing, 2010, 19(11):286-287.

[24] AN L, BIR B. Improved Image Super-Resolution by Support Vector Regression[C]// The 2011 International Joint Conference on Neural Networks. IEEE, 2011:696-700.

[25] CHULTER S, LEISTNER C, BISCHOF H. Fast and Accurate Image Upscaling with Super Resolution Forests[C]//IEEE Conference on Computer Vision and Pattern Recognition, 2015:3791-3799.

[26] FREEMAN W T, JONES T R, PASZTOR E C. Example-Based Super-Resolution[J]. IEEE Computer Graphics and Applications, 2002, 22(2):56-65.

[27] TOMASI C, MANDUCHI R. Bilateral Filtering for Gray and Color Images[C]//IEEE International Conference on Computer Vision, 1998.

[28] GAO G W, YANG J. A Novel Sparse Representation Based Framework for Face Image Super-Resolution[J]. Neurocomputing, 2014, 134:92-99.

[29] CHANG H, YEUNG D Y, XIONG Y. Super-Resolution Through Neighbor Embedding[C]//IEEE Computer Society Conference on Computer Vision and Pattern Recognition, 2004, 1:I-I.

[30] PIVA A, BARNI M, BARTOLINI F, et al. DCT-Based Watermark Recovering Without Resorting to the Uncorrupted Original Image[C]//International Conference on Image Processing. IEEE, 1997, 1:520-523.

[31] NAJAFI E. A Robust Embedding and Blind Extraction of Image Watermarking Based on Discrete Wavelet Transform[J]. Mathematical Sciences, 2017, 11:307-318.

[32] NEYMAN S N, PRADNYANA I N P, SITOHANG B. A New Copyright Protection for Vector Map Using FFT-based Watermarking[J]. Telkomnika (Telecommunication Computing Electronics and Control), 2014, 12(2):367-378.

[33] BI N, SUN Q, HUANG D, et al. Robust Image Watermarking Based on Multiband Wavelets and Empirical Mode Decomposition[J]. IEEE Transactions on Image Processing, 2007, 16(8):1956-1966.

[34] LIU J, ZHU Q. Image Completion with Variable Scope Patch Sampling[C] //International Conference on Artificial Intelligence and Robotics and the International Conference on Automation, Control and Robotics Engineering, 2016:1-5.

[35] XU C R, LU Y, ZHOU Y P. An Automatic Visible Watermark Removal Technique Using Image Inpainting Algorithms[C]//2017 4th International Conference on

Systems and Informatics (ICSAI). IEEE, 2017:1152-1157.

[36] BARNES C, SHECHTMAN E, FINKELSTEIN A, et al. PatchMatch: A Randomized Correspondence Algorithm for Structural Image Editing[J]. ACM Trans. Graph, 2009, 28(3):24.

[37] TSAI H H, SUN D W. Color Image Watermark Extraction Based on Support Vector Machines[J]. Information Sciences: An International Journal, 2007(2):177.

[38] GE C H, SUN J, SUN Y X, et al. Reversible Database Watermarking Based on Random Forest and Genetic Algorithm[C]//2020 International Conference on Cyber-Enabled Distributed Computing and Knowledge Discovery (CyberC). IEEE, 2020:239-247.

第2章 基于卷积神经网络的图像复原方法基础

2.1 卷积层

在计算机视觉领域，输入图像的尺寸通常较大。手写字体识别模型 LeNet 是最早的卷积神经网络（Convolutional Neural Network，CNN）之一。相较于仅使用全连接层搭建的网络结构，LeNet 通过巧妙的设计，利用卷积、池化等操作进行特征提取。其中，卷积层具有局部连接和权重共享的特点，避免了较高的计算成本，并在完成分类识别任务方面表现出色。使用 PyTorch 实现 LeNet 的示例代码如算法 2-1 所示，该算法展示了如何定义 LeNet 的结构、准备数据加载器、编译（在 PyTorch 中称为配置优化器）及训练模型。

算法 2-1 使用 PyTorch 实现 LeNet 的示例代码

```
import torch
import torch.nn as nn
import torch.optim as optim
import torchvision.transforms as transforms
import torchvision.datasets as datasets
from torch.utils.data import DataLoader

class LeNet(nn.Module):
    def __init__(self):
        super(LeNet, self).__init__()
        self.conv1 = nn.Conv2d(1, 6, 5)
        self.pool = nn.AvgPool2d(2, 2)
```

```
        self.conv2 = nn.Conv2d(6, 16, 5)
        self.fc1 = nn.Linear(16 * 4 * 4, 120)
        self.fc2 = nn.Linear(120, 84)
        self.fc3 = nn.Linear(84, 10)

    def forward(self, x):
        x = self.pool(torch.relu(self.conv1(x)))
        x = self.pool(torch.relu(self.conv2(x)))
        x = x.view(-1, 16 * 4 * 4)
        x = torch.relu(self.fc1(x))
        x = torch.relu(self.fc2(x))
        x = self.fc3(x)
        return x
# 数据预处理
transform = transforms.Compose([
    transforms.Resize((32, 32)),
    transforms.ToTensor(),
    transforms.Normalize((0.5,), (0.5,))
])
# 加载数据集
train_set = datasets.MNIST(root='./data', train=True,
download=True, transform =transform)
test_set = datasets.MNIST(root='./data', train=False,
download=True, transform =transform)
train_loader = DataLoader(train_set, batch_size=64, shuffle= True)
test_loader = DataLoader(test_set, batch_size=64, shuffle= False)

# 实例化模型、定义损失函数和优化器
model = LeNet()
criterion = nn.CrossEntropyLoss()
optimizer = optim.Adam(model.parameters(), lr=0.001)
# 训练模型
for epoch in range(10):  # loop over the dataset multiple times
    running_loss = 0.0
    for i, data in enumerate(train_loader, 0):
        inputs, labels = data
        optimizer.zero_grad()
        outputs = model(inputs)
        loss = criterion(outputs, labels)
        loss.backward()
        optimizer.step()
```

```
        running_loss += loss.item()
        if i % 200 == 199:    # print every 200 mini-batches
            print(f'[{epoch + 1}, {i + 1}] loss: {running_loss / 
200:.3f}')
            running_loss = 0.0
print('Finished Training')
# 测试模型
correct = 0
total = 0
with torch.no_grad():
    for data in test_loader:
        images, labels = data
        outputs = model(images)
        _, predicted = torch.max(outputs.data, 1)
        total += labels.size(0)
        correct += (predicted == labels).sum().item()
print(f'Accuracy of the network on the 10000 test images: {100 * 
correct / total} %')
```

卷积层是卷积神经网络最重要的组成部分，其主要作用是自动学习和提取图像特征。卷积层包括一组滤波器（又称卷积核），通过对给定输入做卷积来生成输出特征图。

2.1.1 卷积操作

什么是卷积操作？在计算机中，图像以像素点组成的矩阵形式存储，对图像和滤波矩阵做内积的操作即卷积操作。其中，图像指存储在不同数据窗口中的像素数据；而滤波矩阵则指一组固定的权重，可视为一个恒定的滤波器；内积指逐个元素相乘后求和的计算过程。卷积层利用滤波器提取图像特征，通过使用不同的卷积核进行卷积操作可以获得多样化的特征。

图像矩阵、卷积核和输出特征图示例如图 2-1 所示，卷积层旨在从输入图像中提取特征，即得到输出特征图。在此过程中，卷积层通过使用卷积核对该层的输入执行卷积操作，卷积操作的实现过程如图 2-2 所示。为了方便读者理解，给定一个二维输入特征图和一个卷积核，它们的尺寸分别为6×6和3×3，卷积层将3×3的卷积核与输入特征图的高亮窗口（大小为3×3）逐元素相乘，并将所有乘积结果相加，从而生成输出特征图中的一个值。卷积核沿水平或垂直方向（输入特征图的宽度或高度方向）以步长 1 移动。将该步长称为卷积的步幅（Stride），可根据需要将步幅设置为不同的值。卷积核沿输入特征图的宽度和高度方向滑动，直到无法进一步滑动。

1	0	0	0	0	1
0	1	0	0	1	0
0	0	1	1	0	0
1	0	0	0	1	0
0	1	0	0	1	0
0	0	1	0	1	0

（a）6×6 图像

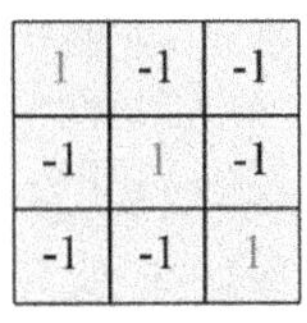

1	-1	-1
-1	1	-1
-1	-1	1

（b）3×3 卷积核

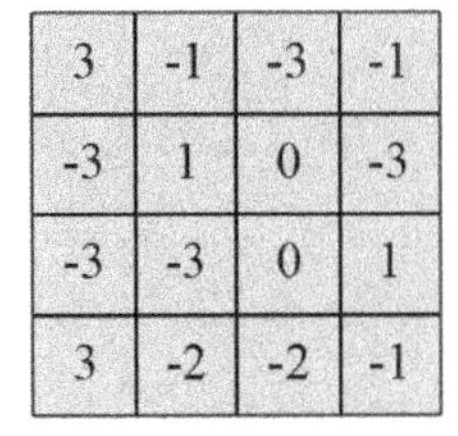

3	-1	-3	-1
-3	1	0	-3
-3	-3	0	1
3	-2	-2	-1

（c）输出特征图

图 2-1　图像矩阵、卷积核和输出特征图示例

在图 2-1 中，输出特征图的尺寸相较于输入特征图有所减小。具体而言，当输入特征图的尺寸为$h \times w$，卷积核的尺寸为$f \times f$，步幅为s时，输出特征图的尺寸$h' \times w'$可由式（2-1）计算得到。

$$h' = \left\lfloor \frac{h-f+s}{s} \right\rfloor, \quad w' = \left\lfloor \frac{w-f+s}{s} \right\rfloor \tag{2-1}$$

式中，$\lfloor \cdot \rfloor$表示向下取整。

然而，在图像去噪、图像超分辨率和图像分割等任务中，通常需要进行像素级别的密集预测，因此要求在进行卷积操作后，输出特征图的尺寸保持不变，有时甚至要大于输入特征图的尺寸。

1	0	0	0	0	1
0	1	0	0	1	0
0	0	1	1	0	0
1	0	0	0	1	0
0	1	0	0	1	0
0	0	1	0	1	0

（a）

1	0	0	0	0	1
0	1	0	0	1	0
0	0	1	1	0	0
1	0	0	0	1	0
0	1	0	0	1	0
0	0	1	0	1	0

（b）

1	0	0	0	0	1
0	1	0	0	1	0
0	0	1	1	0	0
1	0	0	0	1	0
0	1	0	0	1	0
0	0	1	0	1	0

（c）

1	0	0	0	0	1
0	1	0	0	1	0
0	0	1	1	0	0
1	0	0	0	1	0
0	1	0	0	1	0
0	0	1	0	1	0

（d）

图 2-2　卷积操作的实现过程

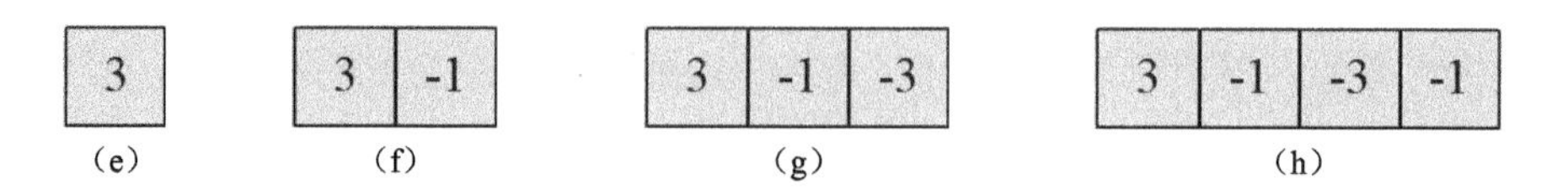

图 2-2　卷积操作的实现过程（续）

为了解决该问题，可以通过在输出特征图的周围进行填充（Padding）来维持输出特征图的尺寸，常用的填充方法包括零填充等。水平和垂直方向的零填充允许增大输出维度，不仅能提高网络结构设计的灵活性，还能避免输出特征维度的快速坍塌，因此允许进行更深层次的网络设计。通常更深层次的网络能够实现更好的性能和更高分辨率的输出标签。填充的本质是通过增大输入特征图的尺寸来获得具有所需尺寸的输出特征图。如果 p 表示沿每个维度给输入特征图增加的像素数（通过零填充方法实现，零填充操作过程如图 2-3 所示），则可由式（2-2）计算得到修改后的输出特征图尺寸。

$$h' = \left\lfloor \frac{h - f + s + p}{s} \right\rfloor ,\quad w' = \left\lfloor \frac{w - f + s + p}{s} \right\rfloor \tag{2-2}$$

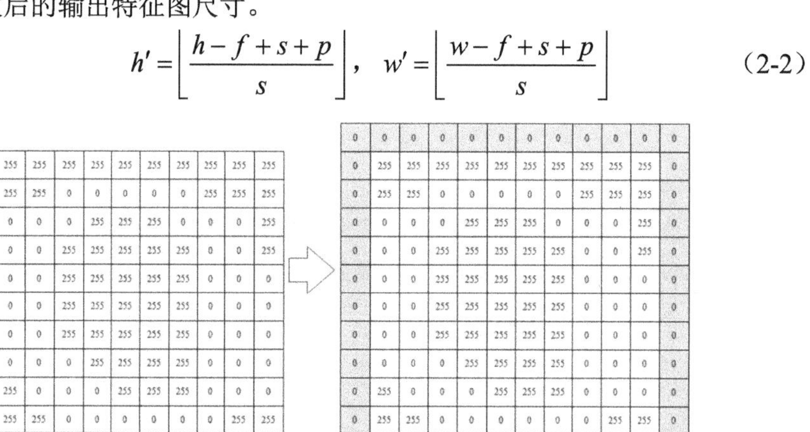

（a）零填充后的输入特征图

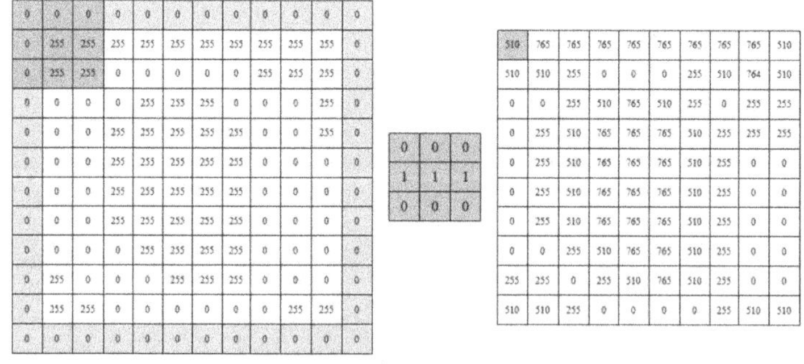

（b）零填充后的卷积过程

图 2-3　零填充操作过程

2.1.2 感受野

感受野指神经网络中神经元“看到的”输入区域，在卷积神经网络中，输入特征图中某个元素的计算受其某个区域的影响，这样的区域称为该元素的感受野。

在卷积神经网络中，随着网络层数的增加，神经元的感受野扩大。不同层特征图对应的感受野示意图如图 2-4 所示。在图 2-4（a）中，原始层（第一层）应用大小为3×3的卷积核进行两次步幅为 1 的卷积操作后，第二层神经元的感受野为绿色区域，第三层神经元的感受野为黄色区域。显然，第二层中的每个神经元都能感知第一层中 3×3 大小的区域，第三层中的每个神经元都能感知第二层中 3×3 大小的区域，该区域也能覆盖第一层中 5×5 大小的区域。

更大的感受野意味着深层神经元能够利用原始图像中更丰富的上下文信息，通常可以获得更好的结果。为了扩大神经元的感受野，最直接的方法是增大卷积核的尺寸。使用 5×5 卷积核代替 3×3 卷积核进行卷积操作或使用 7×7 卷积核代替 5×5 卷积核进行特征提取都是可行的。然而，采用较大尺寸的卷积核会导致需要训练的参数量增加，尤其在深层网络中，参数量往往随卷积核尺寸的增大呈平方规律增加。在多次实践中，研究人员提出采用多个小卷积核进行多次卷积的方法，这可以在维持感受野尺寸不变的同时明显减缓参数量的增加。如图 2-4（b）、（c）所示，使用两个 3×3 卷积核进行两次卷积操作可以代替使用一个 5×5 卷积核进行一次卷积操作。在这个过程中，小卷积核仅引入了 18（2×3×3）个未知参数，而大卷积核则引入了 25（5×5）个未知参数。

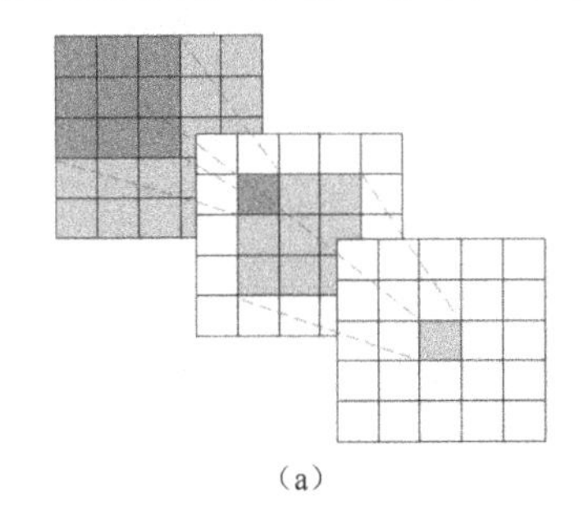

（a）

（b）

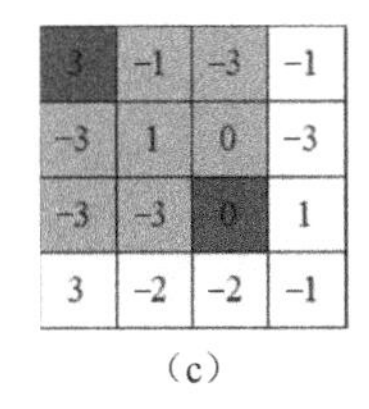

（c）

图 2-4 不同层特征图对应的感受野示意图

2.1.3 多通道卷积和多卷积核卷积

前面都是以单通道卷积进行示例的，而在实际应用中，通常需要处理彩色图像，一幅彩色图像可以用一个三维矩阵表示。当输入具有多个通道（如 R、G、B 三个通道）时，进行卷积操作的卷积核应具有与输入特征图相同的通道数。在计算过程中，每个卷积核通道与相应的输入特征图通道进行卷积；将每个通道的卷积结果按位相加，得到最终的输出特征图。多通道卷积计算示意图如图 2-5 所示。

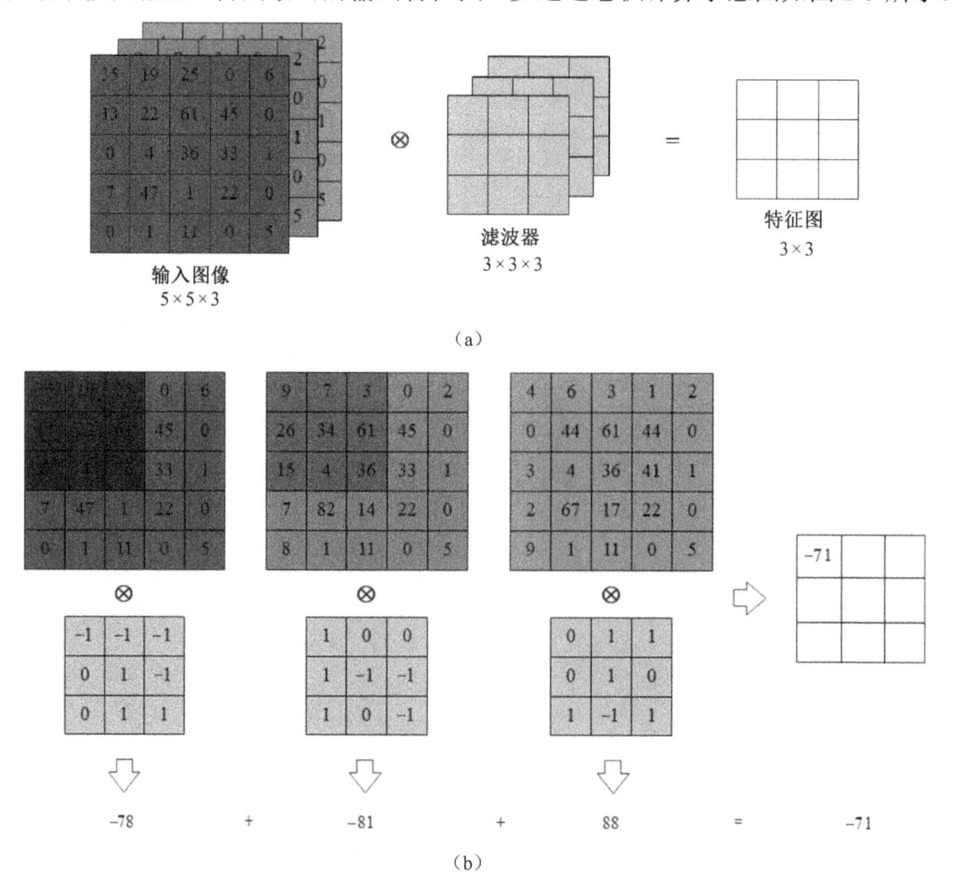

图 2-5 多通道卷积计算示意图

在实际的图像特征提取过程中，需要使用多个卷积核分别对不同的特征进行提取。不同的卷积核可以理解为通过不同的视角从图像中提取所需的特征。以一只鸟的图像为例，通过使用不同的卷积核进行卷积操作，可以分别得到鸟的喙、翅膀、脚等特征信息，便于进行后续处理。

在卷积过程中使用的卷积核数量决定了输出特征图的维度。多卷积核卷积计算示意图如图 2-6 所示，通过使用两个 $3\times3\times3$ 的卷积核对一幅 $5\times5\times3$ 的图像进行卷积处理，可以得到大小为 3×3 、维度为 2 的输出特征图。

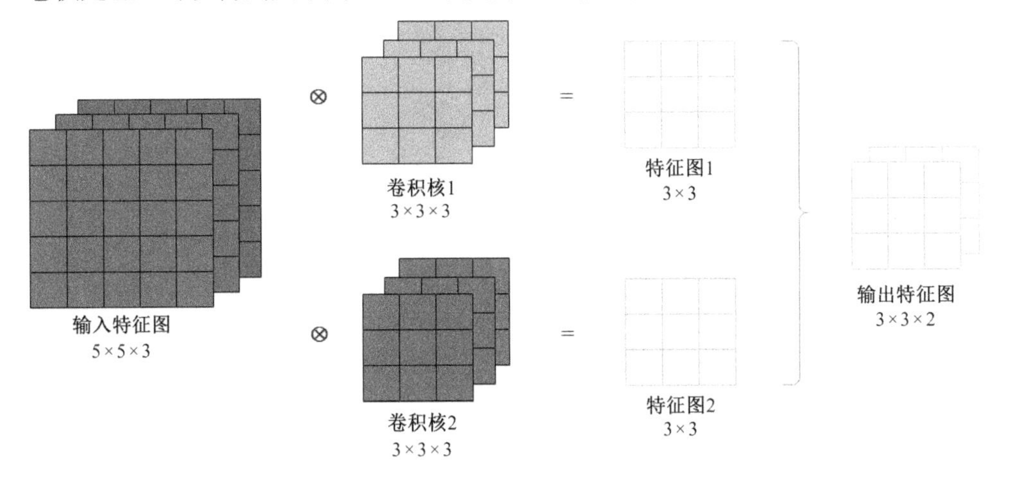

图 2-6　多卷积核卷积计算示意图

2.1.4　空洞卷积

2.1.2 节提到的扩大感受野的方法限制了所学习的卷积滤波器的空间上下文，这仅与层数线性相关。然而，在像素级密集预测的应用中，为了完成分割和标记等任务，获得理想的特征，需要通过卷积层中更大的感受野来聚合更广泛的上下文信息。空洞卷积是一种能够扩大感受野而不增加参数量的方法。它的核心思想在于引入空洞因子 d ，在执行卷积操作时，该参数决定了卷积在输入数据中的采样间隔。使用空洞滤波器进行卷积的示意图如图 2-7 所示，一个空洞因子为 d 的空洞表示原始卷积核在每个元素之间扩展 $d-1$ 个空格，且中间的空位置用零填充。这一策略的实施可以将尺寸为 $f\times f$ 的卷积核放大到 $\left[f+(d-1)(f-1)\right]\times\left[f+(d-1)(f-1)\right]$ ，其原理在 3.2.3 节进行详细介绍。使用 PyTorch 框架实现空洞卷积的示例代码如算法 2-2 所示。该算法创建一个简单的网络，其中包含一个空洞卷积层，用于处理输入图像（输入特征图）。

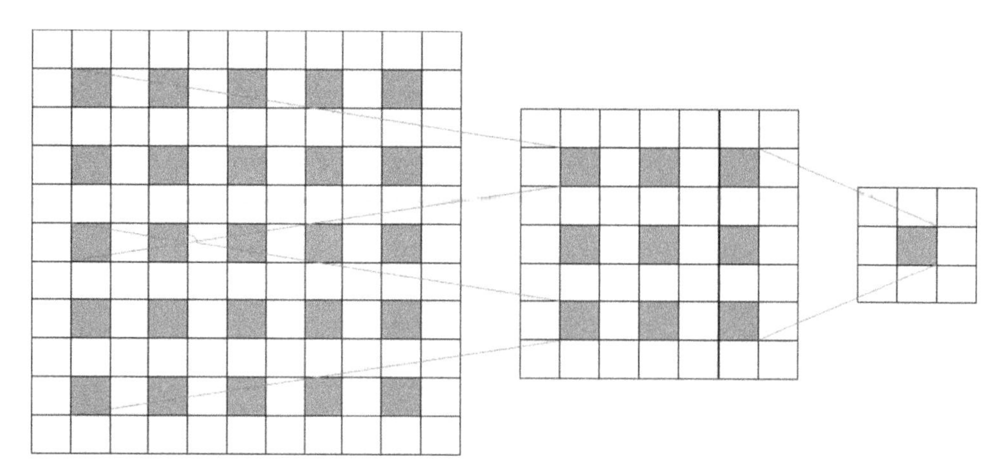

图 2-7 使用空洞滤波器进行卷积（卷积核大小为3×3，空洞因子 $d=2$ ）示意图

算法 2-2 使用 PyTorch 框架实现空洞卷积的示例代码

```
import torch
import torch.nn as nn
import torch.nn.functional as F

class DilatedConvNet(nn.Module):
    def __init__(self):
        super(DilatedConvNet, self).__init__()
        # 定义一个空洞卷积层，其中，将 in_channels 和 out_channels 设为 1；
          将 kernel_size 设为 3；dilation 设为 2，表示空洞因子为 2
        self.dilated_conv = nn.Conv2d(in_channels=1, out_channels=1,
        kernel_size =3, dilation=2)

    def forward(self, x):
        # 通过空洞卷积层
        x = self.dilated_conv(x)
        return x
# 创建模型实例
model = DilatedConvNet()
print(model)
# 创建一个简单的输入张量，模拟单通道图像数据，假设有一个批量大小为 1、尺寸为 8×8
的单通道图像
input_tensor = torch.rand(1, 1, 8, 8)
# 通过模型传递输入
```

```
output_tensor = model(input_tensor)
print(output_tensor.shape)
```

2.2 激活层

神经网络的输入经过一系列加权求和后作用于另一个函数，这种函数被称为激活函数。激活函数可以分为两种：线性激活函数（由线性方程控制输入到输出的映射），简单的如 $f(x)=x$；非线性激活函数（由非线性方程控制输入到输出的映射），如 Sigmoid、Tanh、Softmax、修正线性单元（Rectified Linear Unit，ReLU）、泄漏修正线性单元（Leaky ReLU，LReLU）、参数修正线性单元（Parametric ReLU，PReLU）、Swish 等激活函数。

为什么需要激活函数？在神经网络中，每层的输入、输出都涉及一个线性求和的计算过程，下一层的输出仅是对上一层输入进行线性变换的结果。若无激活函数，则无论构造的神经网络多么复杂，有多少层，最终的输出都是输入的线性组合。纯粹的线性组合无法有效解决复杂的问题，而在引入激活函数后，由于常见的激活函数都是非线性的，因此也会为神经元带来非线性，使得神经网络可以逼近其他任何非线性函数，从而扩展了神经网络在处理更多非线性任务方面的应用。

一般而言，在神经元中，激活函数是非常重要的，为了增强网络的表示能力和学习能力，神经网络的激活函数都是非线性的，通常具有以下特性。

- 连续且可导（允许在少数点上不可导），可导激活函数可直接利用数值优化方法学习网络参数。
- 激活函数及其导数需要尽可能简单，太复杂不利于提高网络的计算效率。
- 激活函数的导函数的值域应在一个合适的区间内，既不能太大又不能太小，以免影响训练效率和稳定性。

下面介绍一些常见的激活函数。

2.2.1 Sigmoid 激活函数

Sigmoid 激活函数又称 Logistic 激活函数，常用于隐层神经元的输出，作用是将实数映射到区间 $(0,1)$，可用来做二分类。当特征之间的差异较为复杂或相差不大时，其表现较为出色。Sigmoid 激活函数较为常见，类似 S 曲线，如图 2-8 所示。Sigmoid 激活函数的表达式为

$$f(x)=\frac{1}{1+\mathrm{e}^{-x}} \tag{2-3}$$

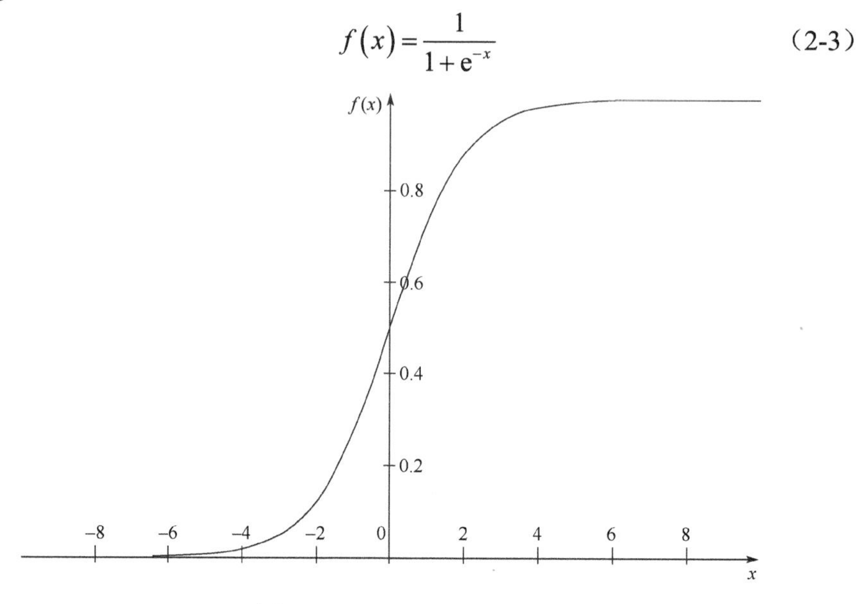

图 2-8 Sigmoid 激活函数

Sigmoid 激活函数具有以下优点。

- 输出范围为 0～1。这种范围的限制使其对每个神经元的输出都进行了归一化处理。
- 适用于将预测概率作为输出的模型。由于概率的取值范围是 0～1，因此 Sigmoid 激活函数非常合适。
- 具有平滑的梯度，避免产生“跳跃”的输出值。
- 函数是可微的，这意味着可以计算其在任意两个点之间的斜率。
- 提供明确的预测，即接近 1 或 0。

Sigmoid 激活函数具有以下缺点。

- 梯度消失：Sigmoid 激活函数在趋于 0 和 1 时，变化趋于平坦，即 Sigmoid 激活函数的梯度接近 0。当神经网络使用 Sigmoid 激活函数进行反向传播时，对于输出接近 0 或 1 的神经元，梯度趋于 0。这些神经元称为饱和神经元。因此，这些神经元的权重不会更新，而与此类神经元相连的神经元的权重的更新速度较慢，这个现象称为梯度消失。因此，如果一个大型神经网络包含许多处于饱和状态的 Sigmoid 神经元，那么该神经网络无法进行反向传播。

- 不以零为中心：Sigmoid 激活函数的输出不以零为中心，而是恒大于 0，这种非零中心化的输出会导致后续层的神经元输入发生偏置偏移，进而使梯度下降的收敛速度降低。
- 计算成本较高：与其他非线性激活函数相比，指数函数的计算成本较高，导致计算机运行速度较慢。

使用 PyTorch 实现 Sigmoid 激活函数的示例代码如算法 2-3 所示。该算法展示了如何在 PyTorch 中将 Sigmoid 激活函数应用于一个张量。

算法 2-3　使用 PyTorch 实现 Sigmoid 激活函数的示例代码

```
import torch
# 创建一个张量
x = torch.tensor([-2.0, -1.0, 0.0, 1.0, 2.0], requires_grad=True)
# 应用 Sigmoid 激活函数
y = torch.sigmoid(x)
print("Input Tensor:", x)
print("After Sigmoid:", y)
```

2.2.2　Softmax 激活函数

Softmax 激活函数是一种常见的用于解决多分类问题的激活函数，如图 2-9 所示。在多分类问题中，当涉及超过两个类别标签时，通常需要考虑类别之间的关系。对于任意长度为 K 的实向量，Softmax 激活函数可以将其映射为一个长度为 K 的实向量，其中每个元素的取值为 0～1，且向量中所有元素的和为 1。

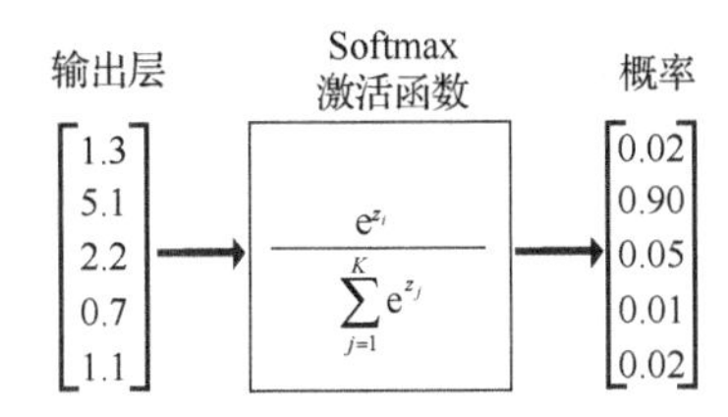

图 2-9　Softmax 激活函数

Softmax 激活函数的表达式为

$$S_{x_i} = \frac{e^{x_i}}{\sum_{j=1}^{N} e^{x_j}} \tag{2-4}$$

Softmax 激活函数与普通的 max 函数不同：max 函数仅输出最大值，而 Softmax

激活函数确保较小的值具有较小的输出概率，且不会被直接忽略。可以将 Softmax 激活函数视为 argmax 函数的概率版本。同时，Softmax 激活函数的分母结合了原始输出值的所有因子，这意味着 Softmax 激活函数获得的各种概率具有相关性。

Softmax 激活函数的主要缺点是在零点处不可微，同时负输入的梯度为零，意味着对于该区域的激活，权重在反向传播期间不会更新，从而导致产生永不激活的死亡神经元。使用 PyTorch 实现 Softmax 激活函数的示例代码如算法 2-4 所示。

算法 2-4　使用 PyTorch 实现 Softmax 激活函数的示例代码

```
import torch
import torch.nn.functional as F

# 定义一个随机的输入向量，假设有 4 个类别，批量大小为 1
logits = torch.randn(1, 4)

# 应用 Softmax 激活函数，其中，dim 指定了在哪个维度上进行 Softmax 计算，对于有多个类别的情况，通常表示类别所在的维度
probabilities = F.softmax(logits, dim=1)
print("Input (Logits):", logits)
print("Output (Probabilities):", probabilities)

# 检查概率和是否为 1，验证 Softmax 激活函数的输出
print("Sum of probabilities:", probabilities.sum())
```

2.2.3 ReLU 激活函数

ReLU 激活函数如图 2-10 所示，其表达式为

$$\sigma(x)=\begin{cases}x, & x\geqslant 0\\0, & x<0\end{cases} \tag{2-5}$$

ReLU 激活函数是深度学习中较为流行的激活函数，与 Sigmoid 激活函数相比，它具有以下优点。

- 当输入为正时，不存在梯度饱和问题。
- 由于 ReLU 激活函数中只存在线性关系，因此它的计算速度比 Sigmoid 激活函数的计算速度快。

ReLU 激活函数具有以下缺点。

- 存在 Dead ReLU 问题：当输入为负时，ReLU 激活函数完全失效。这在正向传播过程中不会出现问题，有些区域很敏感，而有些区域则不敏感；

但是在反向传播过程中，如果输入为负，则梯度为零，与 Sigmoid 激活函数具有相同的问题。

- ReLU 激活函数的输出为正或零，意味着 ReLU 激活函数不是以零为中心的函数。

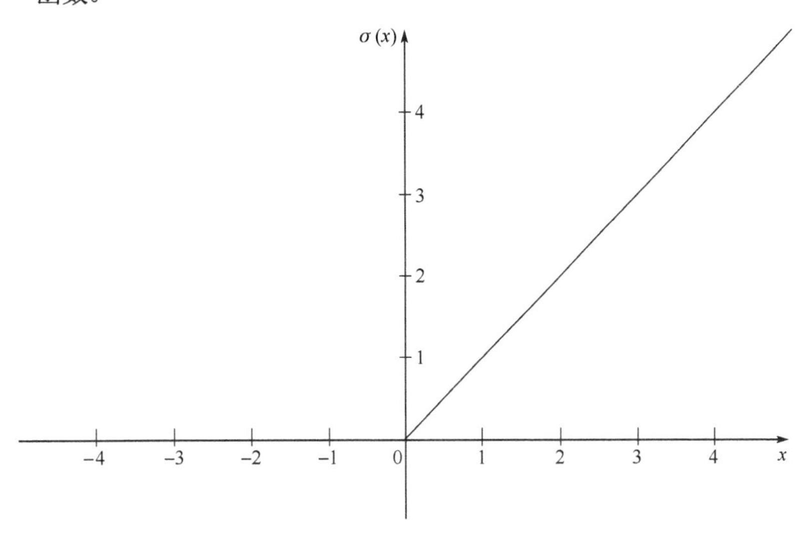

图 2-10　ReLU 激活函数

PyTorch 提供了一个 ReLU 层的实现，可以在定义神经网络模型时使用。使用 PyTorch 实现 ReLU 激活函数的示例代码如算法 2-5 所示。

算法 2-5　使用 PyTorch 实现 ReLU 激活函数的示例代码

```
import torch.nn as nn
# 定义一个使用 ReLU 激活函数的神经网络层
class SimpleNN(nn.Module):
    def __init__(self):
        super(SimpleNN, self).__init__()
        self.linear = nn.Linear(in_features=5, out_features=5)
        self.relu = nn.ReLU()
    def forward(self, x):
        x = self.linear(x)
        x = self.relu(x)
        return x
# 创建模型实例
model = SimpleNN()
print(model)

# 将随机数据作为输入，以测试网络
```

```
input_tensor = torch.randn(1, 5)
output_tensor = model(input_tensor)

print(f"Output Tensor: {output_tensor}")
```

2.2.4 Leaky ReLU 激活函数

Leaky ReLU 激活函数是一种专门设计用于解决 Dead ReLU 问题的激活函数，如图 2-11 所示。Leaky ReLU 函数的表达式为

$$f(x)=\begin{cases}x, & x>0\\ ax, & x\leqslant 0\end{cases} \tag{2-6}$$

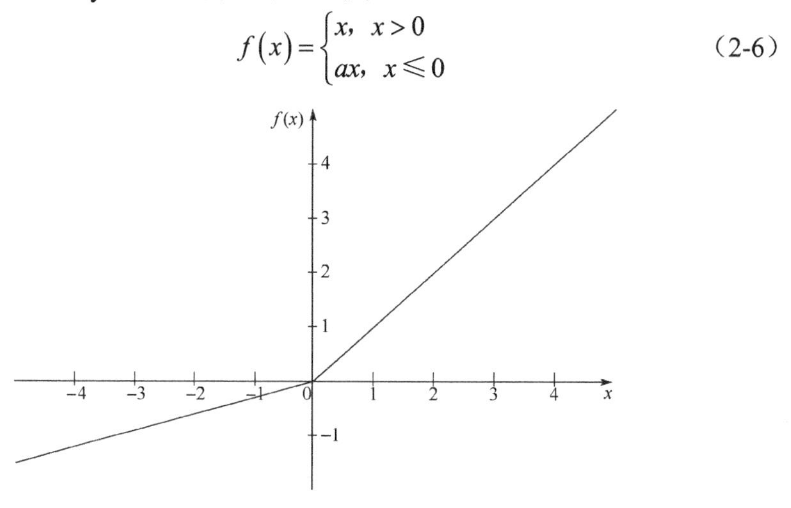

图 2-11　Leaky ReLU 激活函数

为什么 Leaky ReLU 激活函数比 ReLU 激活函数更好呢？ Leaky ReLU 激活函数通过对负输入乘以 0.01 来修正 ReLU 激活函数的零梯度问题。Leaky ReLU 激活函数有助于扩大 ReLU 激活函数的函数值范围，通常 a 的值在 0.01 左右；Leaky ReLU 激活函数的函数值范围是$(-\infty,+\infty)$。从理论上分析，Leaky ReLU 激活函数具有 ReLU 激活函数的所有优点，且不存在 Dead ReLU 问题；但在实际操作中，尚未完全验证 Leaky ReLU 激活函数总是比 ReLU 激活函数好。使用 PyTorch 实现 Leaky ReLU 激活函数的示例代码如算法 2-6 所示。该算法创建一个简单的网络，它包含一个使用 Leaky ReLU 激活函数的层。

算法 2-6　使用 PyTorch 实现 Leaky ReLU 激活函数的示例代码

```
import torch
import torch.nn as nn
```

```
class LeakyReLUNet(nn.Module):
    def __init__(self):
        super(LeakyReLUNet, self).__init__()
        # 定义一个线性层
        self.linear = nn.Linear(in_features=10, out_features=10)
        # 定义 Leaky ReLU 激活函数，将负斜率 a 设置为 0.01
        self.leaky_relu = nn.LeakyReLU(negative_slope=0.01)

    def forward(self, x):
        # 通过线性层
        x = self.linear(x)
        # 应用 Leaky ReLU 激活函数
        x = self.leaky_relu(x)
        return x

# 创建模型实例
model = LeakyReLUNet()
print(model)

# 创建一个简单的输入张量
input_tensor = torch.randn(1, 10)  # 假设输入批量大小为 1，特征维度为 10

# 通过模型传递输入
output_tensor = model(input_tensor)
print("Output Tensor:")
print(output_tensor)
```

2.3　基于卷积神经网络的图像去噪方法

去噪卷积神经网络（Denoising Convolutional Neural Network，DnCNN）通过卷积进行端到端的残差学习（Residual Learning，RL），从函数回归角度，用卷积神经网络将噪声从噪声图像中分离，取得了优于其他方法的去噪效果。

2.3.1　研究背景

虽然大多数图像去噪方法具有较高的去噪质量，但通常存在两个主要缺陷：

第一，这些方法在测试阶段涉及复杂的优化问题，导致去噪过程极其耗时，因此在不牺牲计算效率的前提下，大多数方法很难实现高性能；第二，模型通常非凸，且涉及几个需要手动选择的参数，因此图像去噪性能有进一步提升的空间。

DnCNN 没有学习具有显式图像先验的判别模型，而是将图像去噪视为常规的判别学习问题，即通过前馈 CNN 将噪声从噪声图像中分离。使用 CNN 的原因如下：首先，具有深度架构的 CNN 能有效提高对图像特征的利用率和灵活性；其次，训练包括 ReLU、批归一化和残差学习的 CNN 正则化和学习方法取得了很大进步，其中这些操作可加快训练过程，提高去噪性能；最后，CNN 非常适合在现代强大的图像处理单元（Graphics Processing Unit，GPU）上进行并行计算，可以利用 GPU 来提高去噪效率。

DnCNN 并非直接输出去噪图像 $\hat{x}$，而是对残差图像 $\hat{v}$ 进行预测，即噪声观测值与潜在清晰图像之间的差值。因此，DnCNN 通过隐层的操作隐式地去除潜在清晰图像。此外，为了提升 DnCNN 的训练稳定性和性能，进一步引入批归一化技术。实验结果表明，残差学习和批归一化的结合可以有效提高训练速度和去噪性能。

2.3.2 网络结构

DnCNN 的输入是噪声观测值 $y = x + v$ 。多层感知机（Multi-Layer Perception，MLP）和收缩场级联方法（Cascade of Shrinkage Fields，CSF）这类判别去噪模型旨在学习映射函数 $F(y) = x$，预测潜在清晰图像。DnCNN 利用残差学习来训练残差映射 $R(y) \approx v$，从而得到 $x = y - R(y)$ 。从式（2-7）中可以看出，期望得到残差图像与根据输入噪声估计的图像之间的均方误差，即

$$l(\theta) = \frac{1}{2N}\sum_{i=1}^{N}\left\| R(y_i;\theta) - (y_i - x_i) \right\|^2 \tag{2-7}$$

利用损失函数学习 DnCNN 中的可训练参数 θ 。$\{(y_i, x_i)\}_{i=1}^{N}$ 表示 N 对去噪训练图像块。DnCNN 的深度去噪网络结构如图 2-12 所示。

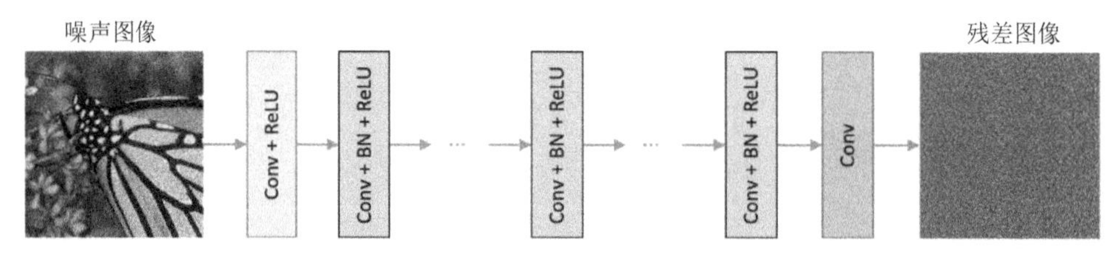

图 2-12　DnCNN 的深度去噪网络结构

当将卷积核大小设置为 3*3 时，深度为 d 的 DnCNN 的感受野应为 $(2d+1)\times(2d+1)$。扩大感受野可以获得更大图像区域的上下文信息。为了更好地权衡性能和效率，需要将为 DnCNN 设置适当的深度作为架构设计的一个重要问题。对于一定噪声级别下的高斯图像去噪任务，DnCNN 的深度为 17，获得的感受野为35×35。对于其他图像去噪任务，可以采用更大的感受野，并将深度设置为 20。

深度为 D 的 DnCNN 有 3 种类型层，具体如下。

（1）Conv + ReLU：第 1 层首先使用大小为$3\times3\times c$的 64 个卷积核生成 64 个特征映射，然后利用 ReLU 进行非线性处理。其中，c 表示图像通道数，对于灰度图像，$c=1$；对于彩色图像，$c=3$。

（2）Conv + BN + ReLU：第 2 至$(D-1)$层使用大小为$3\times3\times64$的 64 个卷积核，并在卷积层和激活函数层（ReLU）之间进行批归一化操作，规范特征分布，提高训练效率。

（3）Conv：最后一层使用大小为$3\times3\times64$的 c 个卷积核将重构图像。

综上所述，DnCNN 有两个主要特点：一是采用残差学习公式学习噪声映射，二是采用批归一化来加快训练速度，提高去噪性能。DnCNN 将卷积与 ReLU 激活函数结合，通过隐层将图像结构与噪声观测值逐渐分离。这种机制类似于对数似然期望和加权核范数最小化（Weighted Nuclear Norm Minimization，WNNM）方法中采用的迭代降噪策略，但 DnCNN 是以端到端的方式进行训练的。使用 PyTorch 实现 DnCNN 基本结构的示例代码如算法 2-7 所示。

算法 2-7　使用 PyTorch 实现 DnCNN 基本结构的示例代码

```
import torch.nn as nn
import models.basicblock as B

class DnCNN(nn.Module):
    def __init__(self, in_nc=1, out_nc=1, nc=64, nb=17, act_mode=
'BR'):
        super(DnCNN, self).__init__()
        bias = True
        m_head = B.conv(in_nc, nc, mode='C'+act_mode[-1], bias=
bias)
        m_body = [B.conv(nc, nc, mode='C'+act_mode, bias=bias) for
_ in range(nb-2)]
        m_tail = B.conv(nc, out_nc, mode='C', bias=bias)
        self.model = B.sequential(m_head, *m_body, m_tail)
```

```
    def forward(self, x):
        n = self.model(x)
        return x-n

if __name__ == '__main__':
    from utils import utils_model
    import torch
    model1 = DnCNN(in_nc=1, out_nc=1, nc=64, nb=20, act_mode='BR')
    print(utils_model.describe_model(model1))

    x = torch.randn((1, 1, 240, 240))
    x1 = model1(x)
    print(x1.shape)
```

2.3.3 实验结果

使用不同方法对 Set12 数据集中 12 幅广泛使用的测试图像进行去噪，得到峰值信噪比（Peak Signal-to-Noise Ratio，PSNR）。不同方法在 Set12 数据集上的去噪结果如表 2-1 所示。这些方法包括三维块匹配（Blocking- Matching 3D，BM3D）、WNNM、EPLL、CSF、训练非线性反应扩散（Trainable Nonlinear Reaction Diffusion，TNRD）、MLP、DnCNN-S 和 DnCNN-B。其中，DnCNN-S 和 DnCNN-B 分别表示已知噪声级别和盲噪声级别的高斯去噪 DnCNN 模型。在不同噪声级别下，每幅图像的最高 PSNR 以粗体显示。由表 2-1 可知，当σ=15和σ=25时，DnCNN-S 在大多数图像去噪中都取得了最高 PSNR。基于非局部相似性的图像去噪方法通常在具有规则和重复结构的图像上表现更好，而基于判别训练的图像去噪方法通常在具有不规则纹理的图像上表现更好，使得 DnCNN 在房子和芭芭拉这两幅以重复结构为主的图像上未能达到最佳效果。

表 2-1　不同结果在 Set12 数据集上的去噪结果

方法	噪声级别	PSNR（dB）												
		摄影师	房子	辣椒	海星	蝴蝶	飞机	鹦鹉	贝利	芭芭拉	船	男人	两人	平均值
BM3D	$\sigma=15$	31.91	34.93	32.69	31.14	31.85	31.07	31.37	34.26	33.10	32.13	31.92	32.10	32.372
WNNM		32.17	**35.13**	32.99	31.82	32.71	31.39	31.62	34.27	**33.60**	32.27	32.11	32.17	32.696
EPLL		31.85	34.17	32.64	31.13	32.10	31.19	31.42	33.92	31.38	31.93	32.00	31.93	32.138
CSF		31.95	34.39	32.85	31.55	32.33	31.33	31.37	34.06	31.92	32.01	32.08	31.98	32.318
TNRD		32.19	34.53	33.04	31.75	32.56	31.46	31.63	34.24	32.13	32.14	32.23	32.11	32.502
DnCNN-S		**32.61**	34.97	**33.30**	**32.20**	**33.09**	**31.70**	**31.83**	**34.62**	32.64	**32.42**	**32.46**	**32.47**	**32.859**
DnCNN-B		32.10	34.93	33.15	32.02	32.94	31.56	31.63	34.56	32.09	32.35	32.41	32.41	32.680

续表

方法	噪声级别	PSNR（dB）												
		摄影师	房子	辣椒	海星	蝴蝶	飞机	鹦鹉	贝利	芭芭拉	船	男人	两人	平均值
BM3D	$\sigma=25$	29.45	32.85	30.16	28.56	29.25	28.42	28.93	32.07	30.71	29.90	29.61	29.71	29.969
WNNM		29.64	**33.22**	30.42	29.03	29.84	28.69	29.15	32.24	**31.24**	30.03	29.76	29.82	30.257
EPLL		29.26	32.17	30.17	28.51	29.39	28.61	28.95	31.73	28.61	29.74	29.66	29.53	29.692
TNRD		29.72	32.53	30.57	29.02	29.85	28.88	29.18	32.00	29.41	29.91	29.87	29.71	30.055
CSF		29.48	32.39	30.32	28.80	29.62	28.72	28.90	31.79	29.03	29.76	29.71	29.53	29.837
MLP		29.61	32.56	30.30	28.82	29.61	28.82	29.25	32.25	29.54	29.97	29.88	29.73	30.027
DnCNN-S		**30.18**	33.06	**30.87**	**29.41**	**30.28**	**29.13**	**29.43**	**32.44**	30.00	**30.21**	**30.10**	**30.12**	**30.436**
DnCNN-B		29.94	33.05	30.84	29.34	30.25	29.09	29.35	32.42	29.69	30.20	30.09	30.10	30.362
BM3D	$\sigma=50$	26.13	29.69	26.68	25.04	25.82	25.10	25.90	29.05	27.22	26.78	26.81	26.46	26.722
WNNM		26.45	**30.33**	26.95	25.44	26.32	25.42	26.14	29.25	**27.79**	26.97	26.94	26.64	27.052
EPLL		26.10	29.12	26.80	25.12	25.94	25.31	25.95	28.68	24.83	26.74	26.79	26.30	26.471
MLP		26.37	29.64	26.68	25.43	26.26	25.56	26.12	29.32	25.24	27.03	27.06	26.67	26.783
TNRD		26.62	29.48	27.10	25.42	26.31	25.59	26.16	28.93	25.70	26.94	26.98	26.50	26.812
DnCNN-S		**27.03**	30.00	27.32	25.70	26.78	25.87	**26.48**	**29.39**	26.22	27.20	**27.24**	26.90	27.178
DnCNN-B		**27.03**	30.02	**27.39**	**25.72**	**26.83**	**25.89**	**26.48**	29.38	26.38	**27.23**	27.23	**26.91**	**27.206**

不同方法在$\sigma=50$时对 BSD68 数据集中房子图像和 Set12 数据集中鹦鹉图像的去噪效果分别如图 2-13 与图 2-14 所示。其中，BM3D、WNNM、EPLL 和 MLP 容易产生过度光滑的边缘与纹理；TNRD 在保留锐利边缘和细节的同时，可能会在光滑区域产生伪影；相比之下，DnCNN-S 和 DnCNN-B 不仅可以恢复锐利边缘和细节信息，还可以在光滑区域产生令人愉悦的视觉效果。

（a）噪声图像/ 14.76dB　（b）BM3D / 26.21dB　（c）WNNM / 26.51dB　（d）EPLL / 26.36dB

图 2-13　不同方法在$\sigma=50$时对 BSD68 数据集中房子图像的去噪效果

（e）MLP / 26.54dB （f）TNRD / 26.59dB （g）DnCNN-S / 26.90dB （h）DnCNN-B / 26.92dB

图 2-13 不同方法在σ=50 时对 BSD68 数据集中房子图像的去噪效果（续）

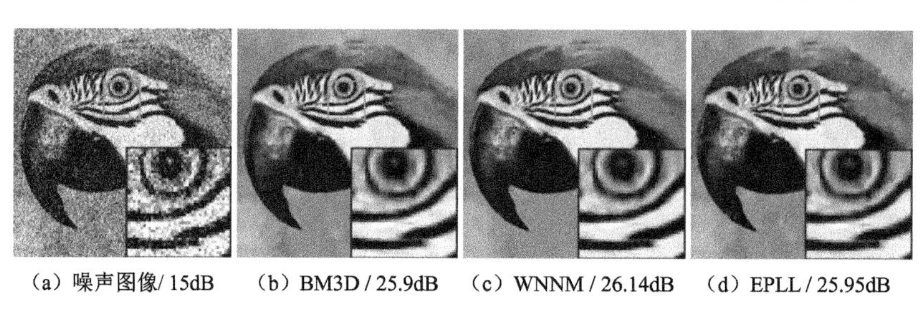

（a）噪声图像/ 15dB （b）BM3D / 25.9dB （c）WNNM / 26.14dB （d）EPLL / 25.95dB

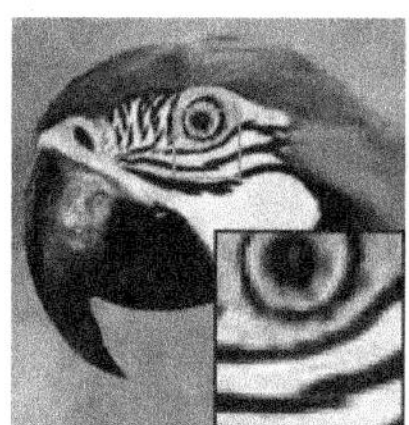

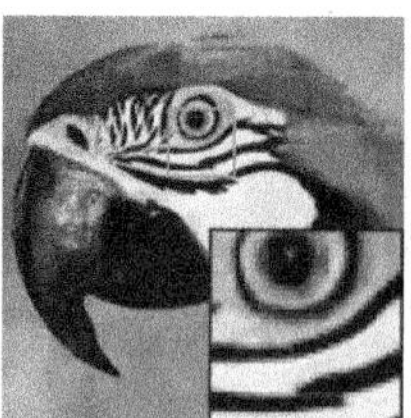
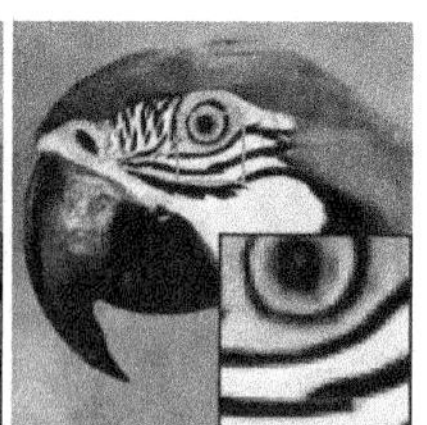

（e）MLP / 26.12dB （f）TNRD / 26.16dB （g）DnCNN-S / 26.48dB （h）DnCNN-B / 26.48dB

图 2-14 不同方法在σ=50 时对 Set12 数据集中鹦鹉图像的去噪效果

CBM3D 和 CDnCNN-B 在σ=35 和σ=45 时对 BSD68 数据集中一幅彩色图像的去噪效果分别如图 2-15 与图 2-16 所示。CBM3D 在某些区域产生假色伪影，而 CDnCNN-B 可以得到更自然的颜色。此外，与 CBM3D 相比，CDnCNN-B 可生成更多、边缘更清晰的细节图像。

DnCNN-B 和 CDnCNN-B 对两幅噪声图像进行高斯去噪的效果如图 2-17 所示，DnCNN-B 为盲高斯去噪模型。然而，当噪声是加性高斯白色噪声时，DnCNN-B 能够很好地处理真实噪声图像。由图 2-17 可以看出，DnCNN 可以在保留图像细节的同时产生更好的视觉效果。定量结果表明，该方法在实际图像去噪应用中具有较好的可行性。

（a）原始图像　（b）噪声图像/ 17.25dB　（c）CBM3D / 25.93dB　（d）CDnCNN-B / 26.58dB

图 2-15　CBM3D 和 CDnCNN-B 在σ=35 时对 BSD68 数据集中一幅彩色图像的去噪效果

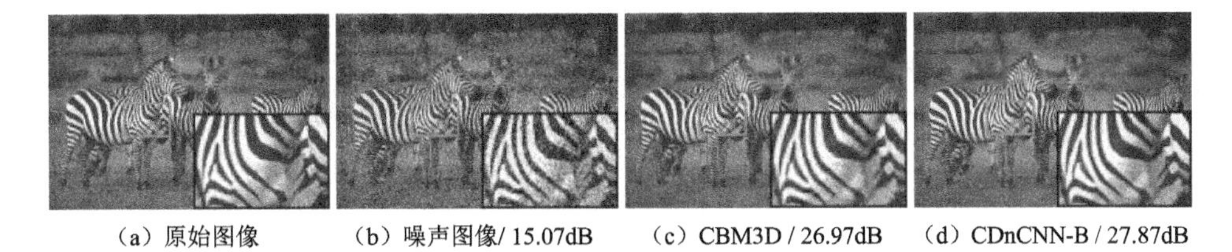

（a）原始图像　（b）噪声图像/ 15.07dB　（c）CBM3D / 26.97dB　（d）CDnCNN-B / 27.87dB

图 2-16　CBM3D 和 CDnCNN-B 在σ=45 时对 BSD68 数据集中一幅彩色图像的去噪效果

（a）噪声图像 1　（b）DnCNN-B 去噪效果　（c）噪声图像 2　（d）CDnCNN-B 去噪效果

图 2-17　DnCNN-B 和 CDnCNN-B 对两幅噪声图像进行高斯去噪的效果

去噪时间对移动设备的应用至关重要。针对尺寸为 256×256、512×512 和 1024×1024（单位为像素）的图像，采用不同方法在σ=25 时处理不同尺寸图像的运行时间如表 2-2 所示。由于 CSF、TNRD 和 DnCNN 方法非常适合在 GPU 上开展并行计算，因此表 2-2 列出了它们在 GPU 上的运行时间。其中，DnCNN 使用 Nvidia cuDNN-v5 深度学习库来加速模型的 GPU 计算。DnCNN 在中央处理器（Central Processing Unit，CPU）上也具有较快的速度。

表 2-2　采用不同方法处理不同尺寸图像的去噪时间

图像尺寸	去噪时间（s）							
	BM3D	WNNM	EPLL	MLP	CSF	TNRD	DnCNN-S	DnCNN-B
256×256	0.65	203.1	25.4	1.42	2.11/—	0.45/0.010	0.74/0.014	0.90/0.016
512×512	2.85	773.2	45.5	5.51	5.67/0.92	1.33/0.032	3.41/0.051	4.11/0.060
1024×1024	11.89	2536.4	422.1	19.4	40.8/1.72	4.61/0.116	12.1/0.200	14.1/0.235

在各类通用图像去噪任务中，采用不同方法在数据集 BSD68、Set5、Set14、BSD100、Urban100、Classic5 和 LIVE1 上获得平均 PSNR 和结构相似性指数（Structural Similarity Index，SSIM），不同方法在图像复原上的结果如表 2-3 所示。这些方法包括 BM3D、TNRD、非常深的超分辨率（Very Deep Super-Resolution，VDSR）网络、伪影去除网络（Artifacts Reduction CNN，AR-CNN）、DnCNN-3。由表 2-3 可知，DnCNN 模型（DnCNN-3）在 3 个不同任务上的性能也优于 TNRD 和 BM3D。在单图像超分辨率（Single Image Super-Resolution，SISR）任务中，其表现远超 TNRD。对于 JPEG 图像去块，DnCNN-3 的 PSNR 比 AR-CNN 提升了约 0.3dB，在表 2-3 中，DnCNN 比 TNRD 在所有质量因子上有 0.1dB 的提升。

表 2-3　不同方法在图像复原上的结果

高斯去噪				
数据集	噪声级别	BM3D	TNRD	DnCNN-3
		PSNR（dB）/SSIM	PSNR（dB）/SSIM	PSNR（dB）/SSIM
BSD68	15	31.08 / 0.8722	31.42 / **0.8826**	**31.46 / 0.8826**
	25	28.57 / 0.8017	28.92 / 0.8157	**29.02 / 0.8190**
	50	25.62 / 0.6869	25.97 / 0.7029	**26.10 / 0.7076**
单图像超分辨率				
数据集	上采样因子	TNRD	VDSR	DnCNN-3
		PSNR（dB）/SSIM	PSNR（dB）/SSIM	PSNR（dB）/SSIM
Set5	2	36.86 / 0.9556	37.56 / **0.9591**	**37.58** / 0.9590
	3	33.18 / 0.9152	33.67 / 0.9220	**33.75 / 0.9222**
	4	30.85 / 0.8732	31.35 / **0.8845**	**31.40 / 0.8845**
Set14	2	32.51 / 0.9069	33.02 / **0.9128**	**33.03 / 0.9128**
	3	29.43 / 0.8232	29.77 / 0.8318	**29.81 / 0.8321**
	4	27.66 / 0.7563	27.99 / 0.7659	**28.04 / 0.7672**

续表

单图像超分辨率				
数据集	上采样因子	TNRD	VDSR	DnCNN-3
		PSNR（dB）/SSIM	PSNR（dB）/SSIM	PSNR（dB）/SSIM
BSD100	2	31.40 / 0.8878	31.89 / **0.8961**	**31.90 / 0.8961**
	3	28.50 / 0.7881	28.82 / 0.7980	**28.85 / 0.7981**
	4	27.00 / 0.7140	27.28 / **0.7256**	**27.29** / 0.7253
Urban100	2	29.70 / 0.8994	**30.76 / 0.9143**	30.74 / 0.9139
	3	26.42 / 0.8076	27.13 / **0.8283**	**27.15** / 0.8276
	4	24.61 / 0.7291	25.17 / **0.7528**	**25.20** / 0.7521
JPEG 图像去块				
数据集	质量因子	AR-CNN	TNRD	DnCNN-3
		PSNR（dB）/SSIM	PSNR（dB）/SSIM	PSNR（dB）/SSIM
Classic5	10	29.03 / 0.7929	29.28 / 0.7992	**29.40 / 0.8026**
	20	31.15 / 0.8517	31.47 / 0.8576	**31.63 / 0.8610**
	30	32.51 / 0.8806	32.78 / 0.8837	**32.91 / 0.8861**
	40	33.34 / 0.8953	—	**33.77 / 0.9003**
LIVE1	10	28.96 / 0.8076	29.15 / 0.8111	**29.19 / 0.8123**
	20	31.29 / 0.8733	31.46 / 0.8769	**31.59 / 0.8802**
	30	32.67 / 0.9043	32.84 / 0.9059	**32.98 / 0.9090**
	40	33.63 / 0.9198	—	**33.96 / 0.9247**

2.3.4 研究意义

DnCNN 采用残差学习将噪声与噪声观测值分离；将批归一化和残差学习结合，不仅加快了训练过程，还提升了去噪性能。与传统判别模型针对特定噪声级别训练特定模型不同，单一 DnCNN 模型具备处理未知噪声级别盲高斯去噪任务的能力。此外，训练单一 DnCNN 模型处理未知噪声级别的高斯去噪、含多个上采样因子的单图像超分辨率去噪和不同质量因子下的 JPEG 图像去块 3 种常见的图像去噪任务也是有效的。大量的实验结果表明，DnCNN 不仅在定量和定性评估中获得了较好的图像去噪效果，还具有较高的去噪效率。

2.4 基于卷积神经网络的图像超分辨率方法

基于卷积神经网络的图像超分辨率（Super-Resolution CNN，SRCNN）方法是深度学习在图像超分辨率任务上的开山之作，它表明深度学习在图像超分辨率上的应用能够超越传统的插值方法等。

2.4.1 研究背景

单图像超分辨率是计算机视觉中的一个经典问题。目前，最先进的单图像超分辨率方法大多基于实例。这些方法基本利用同一图像的内部相似性或从外部低分辨率和高分辨率样本中学习映射函数。基于外部实例的方法通常具有丰富的样本，但难以对数据进行有效且紧凑的建模。

稀疏编码是基于外部实例的图像超分辨率方法之一。该方法涉及以下步骤：首先，从图像中密集提取重叠图像块并进行预处理；其次，用低分辨率字典对这些图像块进行编码；再次，将稀疏系数传递到高分辨率字典中，用于重构高分辨率补丁；最后，聚合（或平均）重叠的重构块以产生输出。以前的图像超分辨率方法专注于对字典的学习和优化。然而，该流程中的其他步骤很少能在统一的优化框架中得到充分考虑和优化。

以上述内容为出发点，SRCNN 可以直接学习低分辨率图像和高分辨率图像之间的端到端映射。SRCNN 与现有的基于外部实例的方法有根本区别，它不明确地学习字典或流形，而通过隐层隐式地对图像块空间进行建模。此外，可以根据像素映射方式获得高分辨像素，完成高质量图像重建。

2.4.2 网络结构

首先，使用双三次差值对低分辨率图像进行扩大倍数操作。然后，SRCNN 从插值后的图像 Y 中恢复图像 $F(Y)$，使得图像 $F(Y)$ 尽可能与真实高分辨率图像 X 相似。尽管 Y 与 X 具有相同的尺寸，为了便于表示，仍然称 Y 为低分辨率图像，尽管它与 X 具有相同的尺寸。待学习映射 F 由以下 3 个操作组成。

（1）**图像块的提取**。该操作从低分辨率图像 Y 中提取（重叠）图像块，并将每个图像块表示为高维向量。这些向量由一组特征映射组成，特征映射的数量等于向量维数。

（2）**非线性映射**。该操作将每个高维向量非线性映射到另一个高维向量。每个映射向量都代表一个高分辨率图像块的表示，这些向量构成了另一组特征映射。

（3）**重构**。该操作将上述高分辨率图像块的表示进行聚合，生成最终的高分辨率图像，该图像与真实高分辨率图像 X 接近。

这些操作被整合成一个卷积神经网络，深度网络的图像超分辨率方法如图 2-18 所示。下面详细介绍各操作。给定一幅低分辨率图像 Y，SRCNN 的第一层提取一组特征映射，第二层通过非线性映射将这些特征映射成高分辨率图像块，最后一层结合空间邻域内的预测生成最终的高分辨率图像 $F(Y)$。

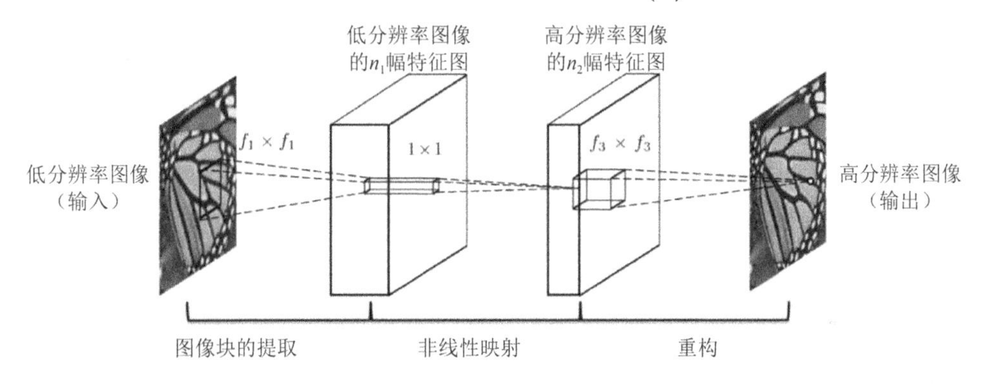

图 2-18　深度网络的图像超分辨率方法

图像块的提取：流行的图像复原策略是密集地提取图像块，并用一组预训练的基来表示这些图像块，相当于用一组滤波器对图像进行卷积操作，每个滤波器都是一个基。其中，第一层操作可以表示为

$$F_1(\boldsymbol{Y}) = \max(0, \boldsymbol{W}_1 * \boldsymbol{Y} + \boldsymbol{B}_1) \tag{2-8}$$

式中，$\boldsymbol{W}_1$ 和 $\boldsymbol{B}_1$ 分别表示滤波器与偏置项。$\boldsymbol{W}_1$ 的大小为 $c \times f_1 \times f_1 \times n_1$，$c$ 为输入图像通道数，f_1 为卷积核空间大小，n_1 为卷积核个数。$\boldsymbol{W}_1$ 在图像上应用 n_1 次卷积，每次卷积由一个大小为 $c \times f_1 \times f_1$ 的卷积核完成，其输出由 n_1 个特征映射组成。$\boldsymbol{B}_1$ 是一个 n_1 维向量，它的每个元素都与一个卷积核相关。此外，还需要通过 ReLU 进行非线性特征提取。

非线性映射：网络第一层为每个图像块提取了一个n_1维特征（n_1维向量）。第二层将n_1维向量映射到n_2维向量。这相当于应用n_2个大小仅为1×1的卷积核。第二层操作可以表示为

$$F_2(\boldsymbol{Y}) = \max\left[0, \boldsymbol{W}_2 * F_1(\boldsymbol{Y}) + \boldsymbol{B}_2\right] \tag{2-9}$$

式中，$\boldsymbol{W}_2$的大小为$n_1 \times 1 \times 1 \times n_2$；$\boldsymbol{B}_2$是一个$n_2$维向量。每个输出的$n_2$维向量都表示用于重构的高分辨率图像块。可添加更多的卷积层（卷积核大小为1×1）来提高网络的非线性能力，但这会使模型的复杂度大大提高。

重构：传统方法通常需要对预测的重叠高分辨率图像块进行均值处理以产生最终的完整图像。均值处理可以被认为是一组特征映射上的预定义滤波器（其中每个位置都是高分辨率图像块的“扁平”向量形式）。受此启发，定义一个卷积层生成的最终的高分辨率图像

$$F(\boldsymbol{Y}) = \boldsymbol{W}_3 * F_2(\boldsymbol{Y}) + \boldsymbol{B}_3 \tag{2-10}$$

式中，$\boldsymbol{W}_3$的大小是$n_2 \times f_3 \times f_3 \times c$；$\boldsymbol{B}_2$是$n_2$维向量；$\boldsymbol{B}_3$是$c$维向量。

如果将高分辨率图像块表示在图像域中（简单地重构每个高分辨率图像块的表示形式），则期望$\boldsymbol{W}_3$的行为更类似于平均滤波器；如果将高分辨率图像块表示在其他域中（一些基的系数），则期望$\boldsymbol{W}_3$的行为类似于先将系数投影到图像域再进行平均。无论采用哪种方式，$\boldsymbol{W}_3$都是一组线性滤波器。

尽管上述 3 个操作分别是在不同直觉的驱使下完成的，但都不约而同地导致了与卷积层相同的形式。将这 3 个操作组合起来就形成了一个卷积神经网络，在 SRCNN 网络中，所有卷积核的权重和偏置值都需要进行优化。使用 PyTorch 实现 SRCNN 的示例代码如算法 2-8 所示。

算法 2-8　使用 PyTorch 实现 SRCNN 的示例代码

```
from torch import nn
class SRCNN(nn.Module):
    def __init__(self, num_channels=1):
        super(SRCNN, self).__init__()
        self.conv1 = nn.Conv2d(num_channels, 64, kernel_size=9,
        padding=9 // 2)
        self.conv2 = nn.Conv2d(64, 32, kernel_size=5, padding=5 // 2)
        self.conv3 = nn.Conv2d(32, num_channels, kernel_size=5,
        padding=5 // 2)
        self.relu = nn.ReLU(inplace=True)
```

```
    def forward(self, x):
        x = self.relu(self.conv1(x))
        x = self.relu(self.conv2(x))
        x = self.conv3(x)
        return x
```

2.4.3 实验结果

在不同的上采样因子下，各类方法在 Set5 和 Set14 数据集上的 PSNR 与运行时间分别如表 2-4 与表 2-5 所示。这些方法包括 BiCubic、稀疏编码（Sparse coding，SC）、K-奇异值分解（K-Singular Value Decomposition，K-SVD）、邻近嵌入+非局部线性嵌入（Neighbour Embedding+ Non-Negative Least Squares，NE+NNLS）、邻近嵌入+局部线性嵌入（Neighbour Embedding+Locally Linear Embedding，NE+LLE）、锚定邻域回归（Anchored Neighbourhood Regression，ANR）和 SRCNN。由表 2-4 和表 2-5 可知，SRCNN 在所有实验中都取得了最高的 PSNR。如表 2-4 所示，SRCNN 相较于 ANR 的增益分别为 0.51dB、0.47dB 和 0.4dB，即在上采样因子为 2、3、4 时都高于次优方法 ANR。由于测试样本数量有限，所以 Set5 数据集可能不是一个能下定论的测试集，但结果表明，在更大的 Set14 数据集上，SRCNN 相较于其他方法更有竞争力，如表 2-5 所示。当将 SSIM 作为性能指标时，可以观察到类似的结果。此外，在适度的训练下，SRCNN 的性能优于现有最先进的方法，但是其还没有收敛，因此推测：训练时间越长，效果越好。在 ImageNet 上训练的 SRCNN 和其他方法在 Set5 数据集上的平均 PSNR 如图 2-19 所示。

表 2-4　各类方法在 Set5 数据集上的 PSNR（dB）与运行时间（s）

Set5	上采样	BiCubic		SC		K-SVD		NE+NNLS		NE+LLE		ANR		SRCNN	
数据集	因子	PSNR	时间	PSNR	时间	PSNR	时间	PSNR	时间	PSNR	时间	PSNR	时间	PSNR	时间
婴儿	2	37.07	—	—	—	38.25	7.0	38.00	68.6	38.33	13.60	**38.44**	2.1	38.30	0.38
鸟	2	36.81	—	—	—	39.93	2.2	39.41	22.5	40.00	4.2	40.04	0.62	**40.64**	0.14
蝴蝶	2	27.43	—	—	—	30.65	1.8	30.03	16.6	30.38	3.3	30.48	0.50	**32.20**	0.10
头部	2	34.86	—	—	—	35.59	2.1	35.48	19.2	35.63	3.8	**35.66**	0.57	35.64	0.13
女性	2	32.14	—	—	—	34.49	2.1	34.24	19.3	34.52	3.8	34.55	0.57	**34.94**	0.13
平均值	2	33.66	—	—	—	35.78	3.03	35.43	29.23	35.77	5.74	35.83	0.87	36.34	0.18

续表

Set5	上采样	BiCubic		SC		K-SVD		NE+NNLS		NE+LLE		ANR		SRCNN	
数据集	因子	PSNR	时间	PSNR	时间	PSNR	时间	PSNR	时间	PSNR	时间	PSNR	时间	PSNR	时间
婴儿	3	33.91	—	34.29	76.0	35.08	3.3	34.77	28.3	35.06	6.0	**35.13**	1.3	35.01	0.38
鸟	3	32.58	—	34.11	30.4	34.57	1.0	34.26	8.9	34.56	1.9	34.60	0.39	**34.91**	0.14
蝴蝶	3	24.04	—	25.58	26.8	25.94	0.81	25.61	7.0	25.75	1.4	25.90	0.31	**27.58**	0.10
头部	3	32.88	—	33.17	21.3	33.56	1.0	33.45	8.2	33.60	1.7	**33.63**	0.35	33.55	0.13
女性	3	28.56	—	29.94	25.1	30.37	1.0	29.89	8.7	30.22	1.9	30.33	0.37	**30.92**	0.13
平均值	3	30.39	—	31.42	35.92	31.90	1.42	31.60	12.21	31.84	2.58	31.92	0.54	32.39	0.18
婴儿	4	31.78	—	—	—	33.06	2.4	32.81	16.2	32.99	3.6	**33.03**	0.85	32.98	0.38
鸟	4	30.18	—	—	—	31.71	0.68	31.51	4.7	31.72	1.1	31.82	0.27	**31.98**	0.14
蝴蝶	4	22.10	—	—	—	23.57	0.5	23.30	3.8	23.38	0.9	23.52	0.24	**25.07**	0.10
头部	4	31.59	—	—	—	32.21	0.68	32.10	4.5	32.24	1.1	**32.27**	0.27	32.19	0.13
女性	4	26.46	—	—	—	27.89	0.66	27.61	4.3	27.72	1.1	27.80	0.28	**28.21**	0.13
平均值	4	28.42	—	—	—	29.69	0.98	29.47	6.71	29.61	1.56	29.69	0.38	30.09	0.18

表 2-5 各类方法在 Set14 数据集上的 PSNR（dB）与运行时间（s）

Set14	上采样	BiCubic		SC		K-SVD		NE+NNLS		NE+LLE		ANR		SRCNN	
数据集	因子	PSNR	时间	PSNR	时间	PSNR	时间	PSNR	时间	PSNR	时间	PSNR	时间	PSNR	时间
狒狒	3	23.21	—	23.47	126.3	23.52	3.6	23.49	29.0	23.55	5.6	23.56	1.1	**23.60**	0.40
芭芭拉	3	26.25	—	26.39	127.9	**26.76**	5.5	26.67	47.6	26.74	9.8	26.69	1.7	26.66	0.70
桥	3	24.40	—	24.82	425.7	25.02	3.3	24.86	30.4	24.98	5.9	25.01	1.1	**25.07**	0.44
海岸警卫	3	26.55	—	27.02	35.6	27.15	1.3	27.00	11.6	27.07	2.6	27.08	0.5	**27.20**	0.17
漫画	3	23.12	—	23.90	54.5	23.96	1.2	23.83	11.0	23.98	2.0	24.04	0.4	**24.39**	0.15
脸	3	32.82	—	33.11	20.4	33.53	1.1	33.45	8.3	33.56	1.7	**33.62**	0.3	33.58	0.13
花朵	3	27.23	—	28.25	76.4	28.43	2.3	28.21	20.2	28.38	4.0	28.49	0.8	**28.97**	0.30
领班	3	31.18	—	32.04	25.9	33.19	1.3	32.87	10.8	33.21	2.2	33.23	0.4	**33.35**	0.17
莱娜	3	31.68	—	32.64	68.4	33.00	3.3	32.82	29.3	33.01	6.0	33.08	1.1	**33.39**	0.44
人类	3	27.01	—	27.76	111.2	27.90	3.4	27.72	29.5	27.87	6.1	27.92	1.1	**28.18**	0.44
君主	3	29.43	—	30.17	112.1	31.10	4.9	30.76	43.3	30.95	8.8	31.09	1.6	**32.39**	0.66
辣椒	3	32.39	—	33.32	66.3	34.07	3.3	33.56	28.9	33.80	6.6	33.82	1.1	**34.35**	0.44
ppt3	3	23.71	—	24.98	96.1	25.23	4.0	24.81	36.0	24.94	7.8	25.03	1.4	**26.02**	0.58
斑马	3	26.63	—	27.95	114.4	28.49	2.9	28.12	26.3	28.31	5.5	28.43	1.0	**28.87**	0.38
平均值	3	27.54	—	28.31	84.88	28.67	2.95	28.44	25.87	28.60	5.35	28.65	0.97	**29.00**	0.39

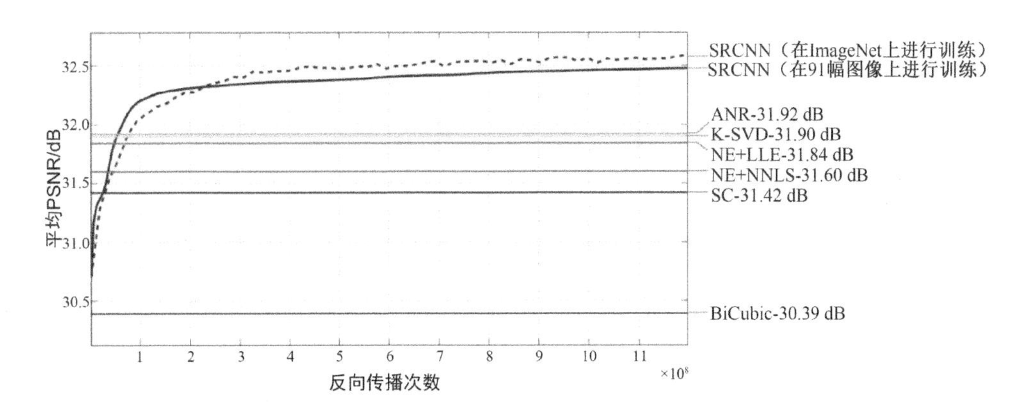

图 2-19　在 ImageNet 上训练的 SRCNN 和其他方法在 Set5 数据集上的平均 PSNR 值

图 2-20～图 2-23 显示了不同方法在上采样因子为 3 时对不同图像的超分辨率效果。可以观察到，与其他方法相比，SRCNN 能够产生更清晰的边缘，且在图像上没有明显的伪影。虽然 SRCNN 具有最高的平均 PSNR，但在处理来自 Set5 数据集的婴儿图像时没有达到最高的 PSNR。尽管如此，SRCNN 在视觉上具有竞争力，如图 2-23 所示。

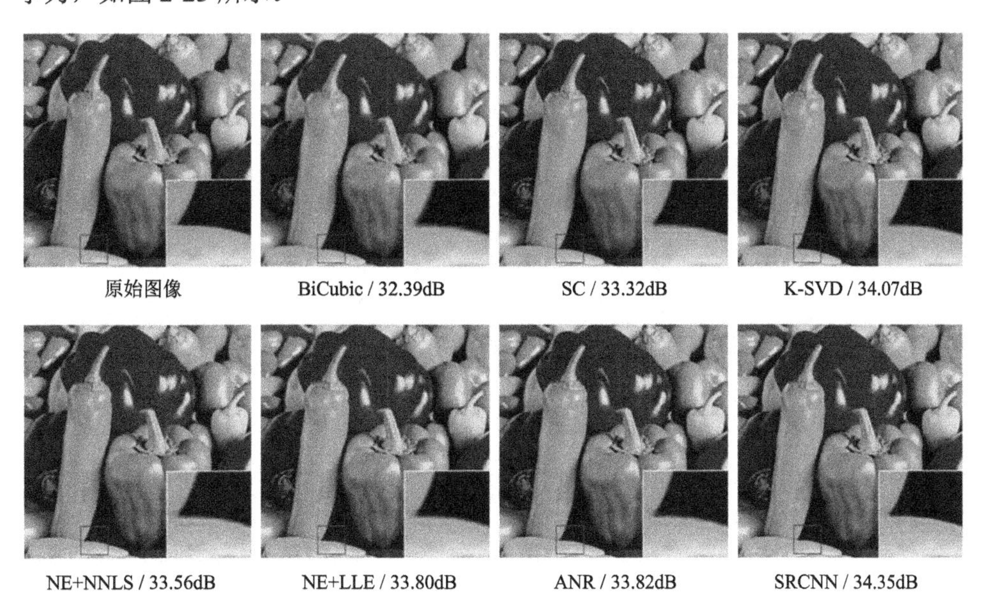

图 2-20　不同方法在 3 倍下对 Set14 数据集的辣椒图像进行处理的超分辨率效果

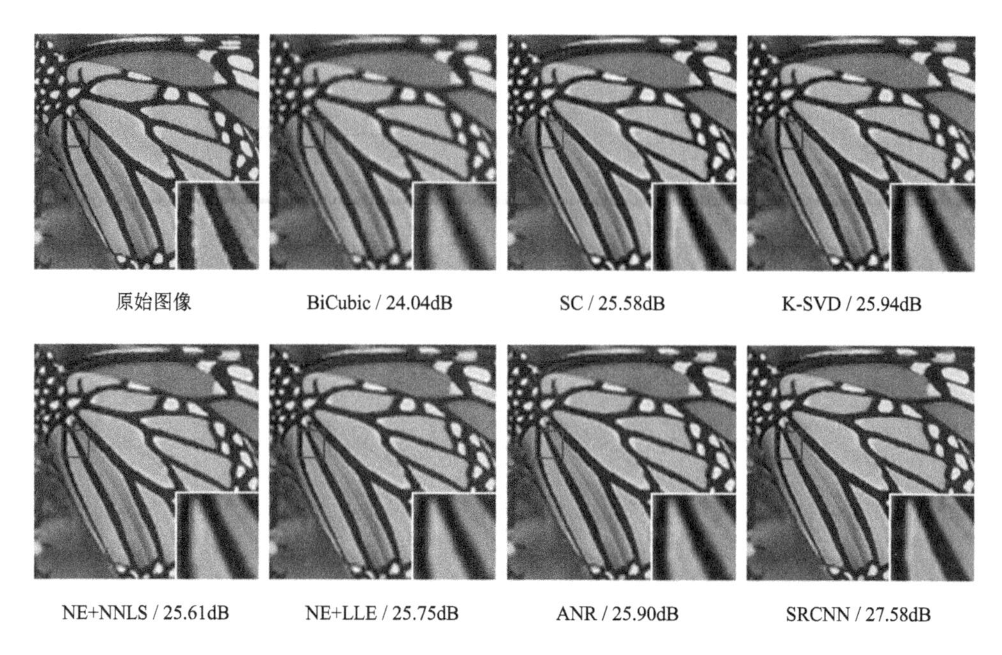

图 2-21　不同方法在 3 倍下对 Set5 数据集的蝴蝶图像进行处理的超分辨率效果

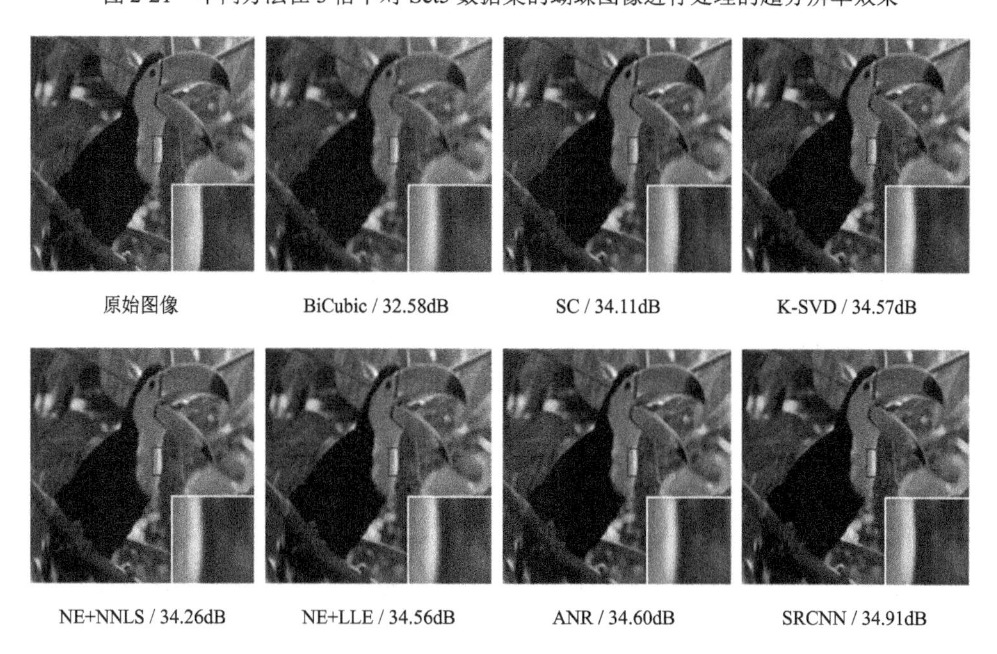

图 2-22　不同方法在 3 倍下对 Set5 数据集的鸟图像进行处理的超分辨率效果

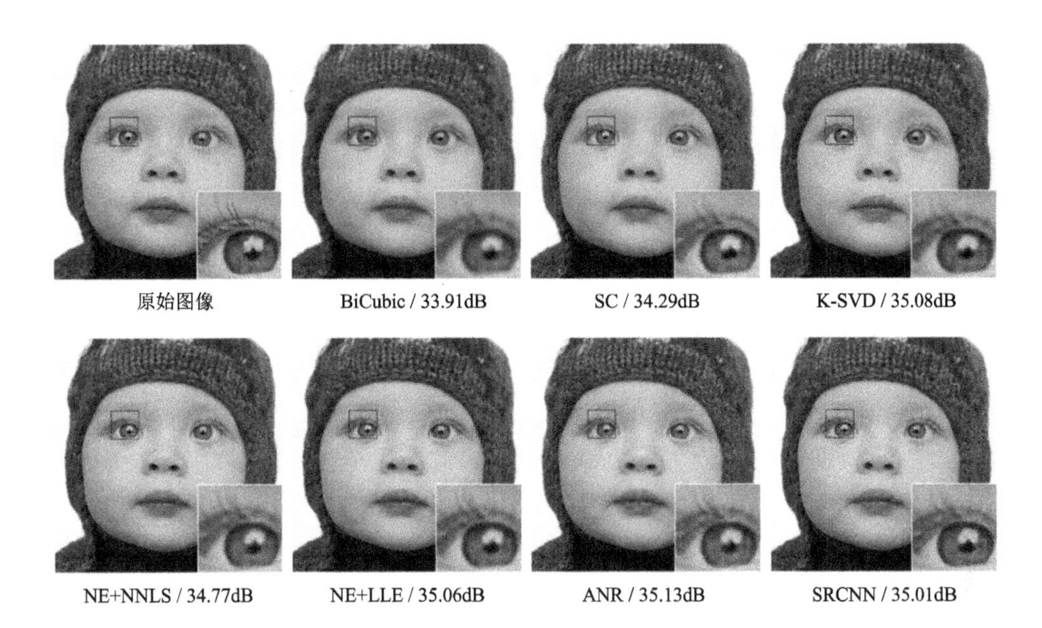

图 2-23　不同方法在 3 倍下对 Set5 数据集的婴儿图像进行处理的超分辨率效果

2.4.4　研究意义

SRCNN 是图像超分辨率领域的开创性深度学习方法。该方法引入了一种新的单图像超分辨率深度学习技术，并指出传统的稀疏编码方法可以被重新表述为深度卷积神经网络的形式。SRCNN 通过学习低分辨率图像和高分辨率图像之间的端到端映射来实现目标。SRCNN 具有轻量化结构，通过探索网络中更多的隐层/滤波器，以及采用不同的训练策略，可进一步提升其性能。此外，SRCNN 的结构还具有简洁和鲁棒性强的优点，可用于处理其他底层视觉问题，如图像去模糊或 SR+去噪等，还有助于研究一个网络，以应对不同的上采样因子。

2.5　基于卷积神经网络的图像去水印方法

2.5.1　研究背景

为保护文件版权，添加水印成为提高受保护文件安全性的一种流行方式。为了测试所添加水印的质量，可以采用水印去除技术。在水印去除过程中，集成先验信息和跨通道相关性可以修复受损通道图像信息，而最小可觉察误差可以估计水印去除质量。考虑到以前存在的文档扫描和背光页面的问题，Boyle 等利用已知片段词典检测水印和去水印，克服文件损坏的影响。为了增强水印去除效果，Yang 等利用离散余弦变换域和基于密钥矩阵融合来去除可见水印。此外，Makbol 等将熵和边缘熵作为人类视觉系统（Human Visual System，HVS）特征，以快速提取水印特征并将水印去除。为提高水印去除算法的泛化能力，Ansari 等使用小波变换提取水印特征，并利用所获得的特征对奇异值进行修正，测试所获得的水印的鲁棒性。Huynh 等调整了垂直细节系数 HL 和水平细节系数 LH 之间的块差异，自动选择小波系数，从而提高水印去除质量。此外，傅里叶变换对水印去除也很有效。例如，Fares 等使用傅里叶变换域去除水印图像中的 R、G 和 B 水印，这是盲彩色图像水印去除的优秀工具。考虑到鲁棒性和不可感知性，研究人员确保了载体图像能够最大化嵌入强度的信噪比，从而在图像去水印过程中对鲁棒性和不可感知性进行权衡。虽然这些方法在水印去除方面表现良好，但存在如下缺点：①需要采用复杂的优化方法来增强水印去除效果；②为了提高水印去除性能，需要手动选择参数。为了克服这些缺点，可以使用深度学习技术，特别是 CNN 来实现水印去除。

Chen 等提出了用于水印去除的深度神经网络。为了提高水印去除质量，Sai 等在深度 CNN 的中间层使用低维投影来表达水印去除中的图像内容。Haribabu 等利用自动编码器处理具有两幅独立图像的水印图像。为了增强水印去除的鲁棒性，Chen 等使用弹性权重合并和未标记数据增强自适应方法，从而更好地对水印进行表示。此外，粗略定位和水印分离技术也是完成图像去水印任务的有效工具。Lu 等通过使用 CNN、小波变换和残差正则化损失函数替代下采样与上采样操作，有效提升了水印图像的视觉质量。

尽管这些 CNN 在水印去除方面取得了较好的结果，但如何用黑盒提取 CNN 的有效特征来更好地表示水印，从而实现更复杂的水印去除成为学者们关心的问题。为此，本节介绍一种增强型水印去除 U-Net（Improved Watermark Removal U-Net，IWRU-Net）。

2.5.2 网络结构

IWRU-Net 是一种 42 层的增强型水印去除 U-Net，其网络结构如图 2-24 所示。为增强所获得特征的鲁棒性，通过级联两个子网络来实现串行结构，获得有效信息，从而提高水印去除性能。为了解决长期依赖问题，在设计的串行结构中融合基于 U-Net 的简单组件，提取更明显的层次信息来处理水印去除问题。为提高 IWRU-Net 对现实世界的适应性，使用随机分布盲水印实现盲水印去除模型。可用式（2-11）来大致表述上述内容。

$$\begin{aligned} I_c &= \text{IWRUnet}\left(I_w\right) \\ &= \text{Unet\_Block}\left(\text{Unet\_Block}\left(I_w\right)\right) \end{aligned} \tag{2-11}$$

式中，I_w 表示水印图像；IWRUnet 表示 IWRU-Net 的函数；I_c 表示清晰图像；Unet_Block 表示 U-Net 块的函数。

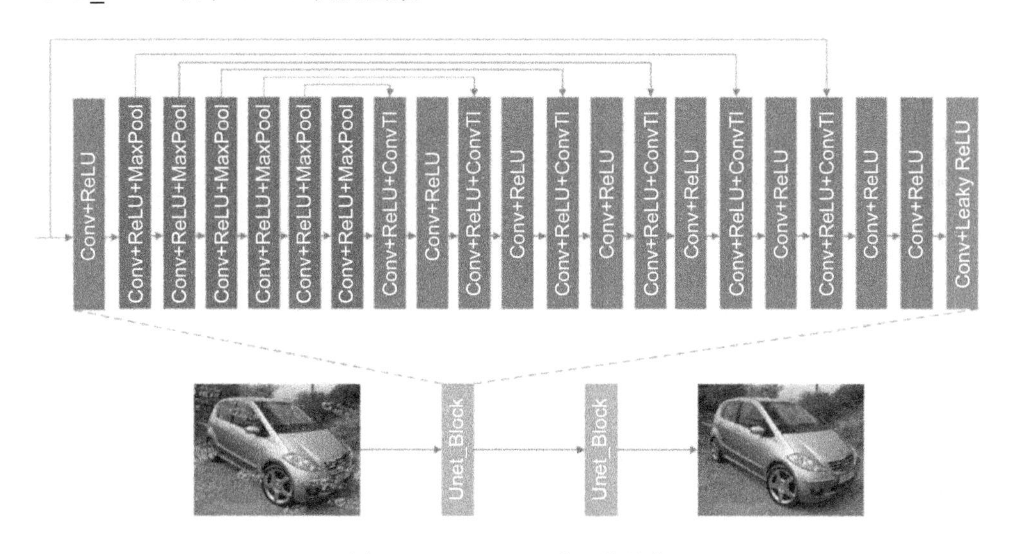

图 2-24　IWRU-Net 的网络结构

为提高训练效率，使用最小绝对偏差（Least Absolute Deviation，LAD）训练用于图像去水印的 IWRU-Net 模型，即根据式（2-12）将水印图像和清晰图像引入 IWRU-Net，以训练水印去除模型。

$$D(\theta) = \frac{\sum_{j=1}^{t}\left|I_c^j - \text{IWRUnet}\left(I_w^j\right)\right|}{t} \tag{2-12}$$

式中，I_c^j 表示第 j 幅清晰图像；t 表示水印图像的总数；D 表示用于训练 IWRU-Net 模型的损失函数；θ 表示参数。在训练过程中，使用 Adam 优化器对 IWRU-Net 的参数进行优化。

2.5.3 实验结果

由于图像去水印是一项底层视觉任务，因此选择 DnCNN、快速灵活去噪卷积神经网络（Fast and Flexible Denoising CNN，FFDNet）、U-Net、注意力引导去噪卷积神经网络（Attention-guided Denoising CNN，ADNet）和鲁棒变形去噪卷积神经网络（Robust Deformation Denoising CNN，RDDCNN）作为比较方法，以测试图像去水印方法在 LVW 和 CLWD 数据集上的定性与定量评估性能。为进行定性评估，首先，从 LVW 数据集中选择一幅图像，并使用 1 和 0.5 的透明度来测试 IWRU-Net 对图像去水印的影响，其 PSNR 如表 2-6 所示，对于图像去水印，IWRU-Net 在透明度为 1 时获得了比在透明度为 0.5 时更高的 PSNR。这也表明，当透明度较低时，IWRU-Net 具有更好的水印去除效果。

表 2-6　IWRU-Net 在透明度为 1 和 0.5 时进行图像去水印的 PSNR

透明度	PSNR（dB）
1	45.67
0.5	41.32

其次，在 LVW 和 CLWD 数据集中随机选择 100 幅图像，从 0.5、0.6、0.7 到 0.8 调整透明度来测试 IWRU-Net 的去水印性能。在 LVW 和 CLWD 数据集上，不同方法的平均 PSNR 和 SSIM 分别如表 2-7 与表 2-8 所示。IWRU-Net 在 LVW 和 CLWD 数据集上比其他方法获得更高的 PSNR 和 SSIM，这表明 IWRU-Net 在图像去水印任务中具有较强的鲁棒性。

表 2-7　不同方法在 LVW 数据集上的平均 PSNR 和 SSIM

方法	PSNR（dB）	SSIM
DnCNN	42.95	0.9961
FFDNet	38.48	0.9847
U-Net	43.71	0.9963
IWRU-Net	44.85	0.9970

表 2-8　不同方法在 CLWD 数据集上的平均 PSNR 和 SSIM

方法	PSNR（dB）	SSIM
DnCNN	44.67	0.9753
FFDNet	37.54	0.9912
U-Net	45.35	0.9972
RDDCNN	46.25	0.9971

续表

方法	PSNR（dB）	SSIM
ADNet	46.47	0.9972
IWRU-Net	46.52	0.9975

最后，在 LVW 数据集中尺寸为 512×512 的图像上测试不同图像去水印方法的复杂度，如表 2-9 所示。这些方法包括 DnCNN、FFDNet、U-Net、RDDCNN、ADNet 和 IWRU-Net。复杂度评价指标包括参数量和浮点运算次数（Floating Point Operations，FLOPs）。此外，使用 LVW 数据集中尺寸为 256×256、512×512 和 1024×1024 的图像测试不同方法的运行时间，如表 2-10 所示，针对图像去水印的复杂度和运行时间，IWRU-Net 也在可接受范围内。因此，IWRU-Net 在图像去水印方面极具竞争力。

表 2-9　不同图像去水印方法的复杂度

方法	参数量（$\times10^6$ 个）	FLOPs（$\times10^9$）
DnCNN	0.5594	36.6582
FFDNet	0.4945	8.1023
U-Net	1.0120	18.6813
RDDCNN	0.5591	36.7060
ADNet	0.5215	34.2393
IWRU-Net	2.0240	37.3625

表 2-10　不同方法在不同尺寸下的图像去水印运行时间

方法	运行时间（s）		
	256×256	512×512	1024×1024
DnCNN	0.038228	0.154801	0.638453
FFDNet	0.010732	0.037471	0.124227
U-Net	0.027889	0.097742	0.316260
RDDCNN	0.057355	0.222245	1.559665
ADNet	0.036286	0.147693	0.563838
IWRU-Net	0.058375	0.199374	0.654419

为进一步测试 IWRU-Net 的性能，使用定量评估方法进行以下实验。从 LVW 数据集中选择 4 幅图像，分别添加 0.5、0.6、0.7 和 0.8 的透明度，以测试 IWRU-Net 的视觉效果。此外，将 DnCNN、FFDNet 和 U-Net 作为比较方法，将放大的每幅预测视觉图像的一个选择区域作为观察区域，观察区域越清晰，相应方法在图像去水印方面的性能就越好。不同方法在透明度为 0.5、0.6、0.7、0.8 时的图像去水印效果如图 2-25～图 2-28 所示，IWRU-Net 的观察区域更清晰，说明 IWRU-Net

的图像去水印效果更好。图 2-26 表明 IWRU-Net 在图像去水印的定量评估方面更具优势。因此，可知 IWRU-Net 在定性和定量评估上都表现出色，非常适用于完成图像去水印任务。

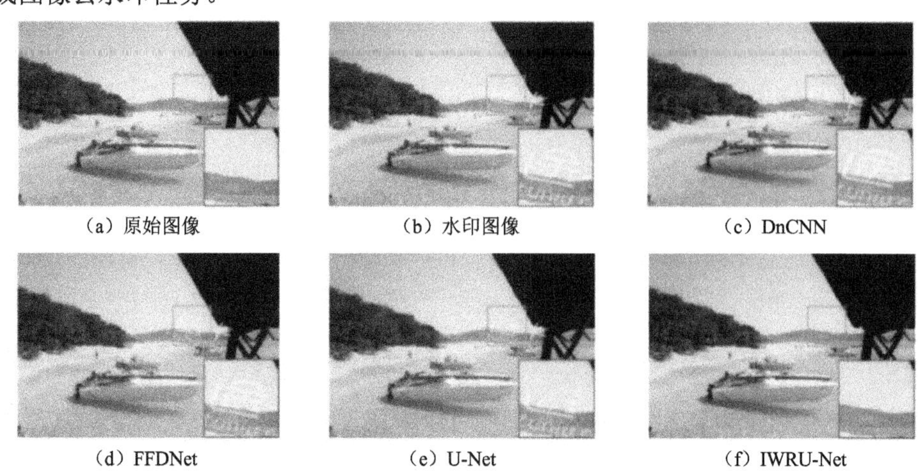

（a）原始图像　（b）水印图像　（c）DnCNN

（d）FFDNet　（e）U-Net　（f）IWRU-Net

图 2-25　不同方法在透明度为 0.5 时的图像去水印效果

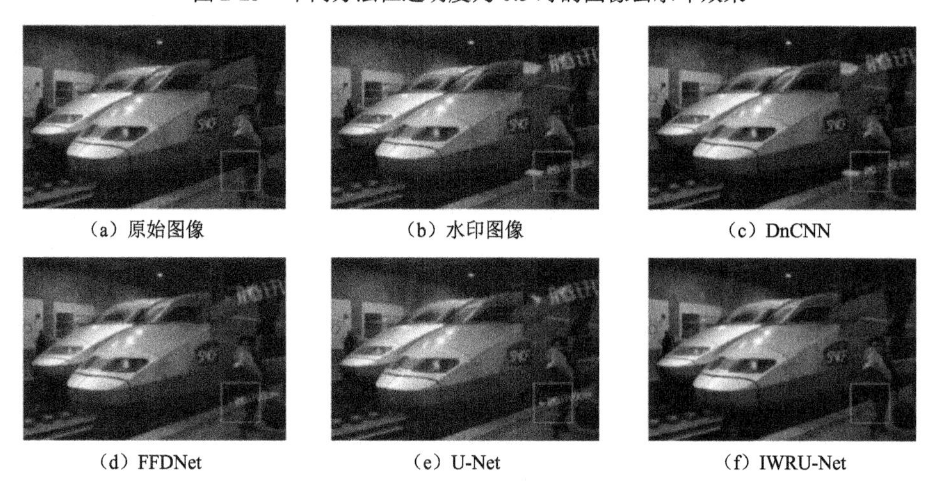

（a）原始图像　（b）水印图像　（c）DnCNN

（d）FFDNet　（e）U-Net　（f）IWRU-Net

图 2-26　不同方法在透明度为 0.6 时的图像去水印效果

（a）原始图像　（b）水印图像　（c）DnCNN

图 2-27　不同方法在透明度为 0.7 时的图像去水印效果

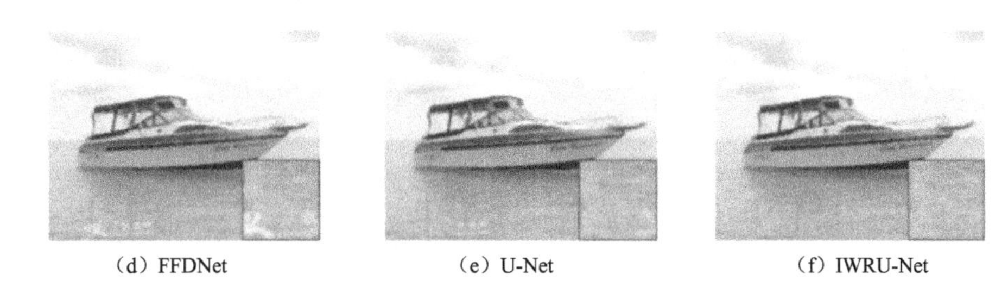

（d）FFDNet　　（e）U-Net　　（f）IWRU-Net

图 2-27　不同方法在透明度为 0.7 时的图像去水印效果（续）

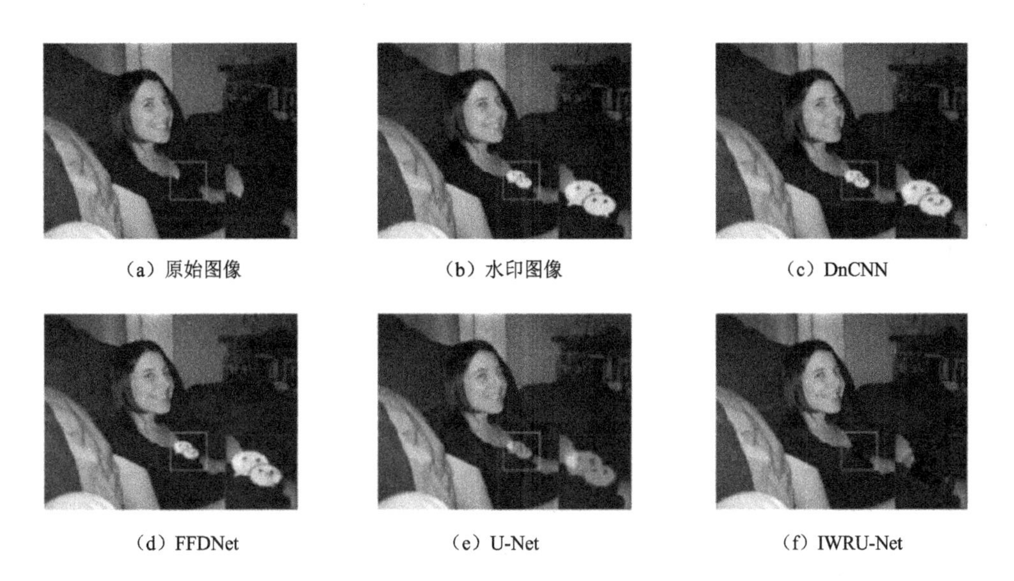

（a）原始图像　　（b）水印图像　　（c）DnCNN

（d）FFDNet　　（e）U-Net　　（f）IWRU-Net

图 2-28　不同方法在透明度为 0.8 时的图像去水印效果

2.5.4　研究意义

IWRU-Net 通过对 U-Net 架构进行改进，引入新颖的串行结构来提高信息提取的准确性和鲁棒性，从而确保出色的水印去除效果。为了高效地对图像远距离像素的依赖关系进行建模，将 U-Net 设计为串行结构的基本单元，以捕获更多样的层次结构信息。此外，考虑到 IWRU-Net 在实际移动设备上的适用性，采用多种随机分布的水印对盲水印去除模型进行训练。与其他主流的图像去水印方法相比，IWRU-Net 在定量和定性评估上都展现出优越的性能。

2.6 本章小结

本章从卷积神经网络中卷积操作、感受野、多通道卷积和多卷积核卷积、空洞卷积等基本概念出发，介绍了卷积层的基本构成单元，以及激活函数的相关概念；从三种典型图像复原方法（图像去噪、图像超分辨率和图像去水印）出发阐述了 CNN 在图像复原领域的应用，旨在让读者更全面地理解 CNN 在图像复原领域应用中的重要性。

参考文献

[1] LECUN Y, BOTTOU L, BENGIO Y, et al. Gradient-Based Learning Applied to Document Recognition[J]. Proceedings of the IEEE, 1998, 86(11):2278-2324.

[2] PASZKE A, GROSS S, MASSA F, et al. PyTorch: An Imperative Style, High-Performance Deep Learning Library[J]. Advances in Neural Information Processing Systems, 2019, 32:8026-8037.

[3] MARREIROS A C, DAUNIZEAU J, KIEBEL S J, et al. Population Dynamics: Variance and the Sigmoid Activation Function[J]. Neuroimage, 2008, 42(1):147-157.

[4] JARRETT K, KAVUKCUOGLU K, RANZATO M, et al. What is the Best Multi-stage Architecture for Object Recognition[C]//2009 IEEE 12th International Conference on Computer Vision, 2009:2146-2153.

[5] KRIZHEVSKY A, SUTSKEVER I, HINTON G E. ImageNet Classification with Deep Convolutional Neural Networks[C]//Advances in Neural Information Processing Systems, 2012:1097-1105.

[6] HE K M, ZHANG X Y, REN S Q, et al. Delving Deep into Rectifiers: Surpassing Human-Level Performance on ImageNet Classification[C]//IEEE International Conference on Computer Vision, 2015:1026-1034.

[7] RAMACHANDRAN P, ZOPH B, LE Q V. Searching for Activation Functions[J]. arXiv Preprint arXiv:1710.05941 (2017).

[8] ZHANG K, ZUO W M, CHEN Y J, et al. Beyond a Gaussian Denoiser: Residual

Learning of Deep CNN for Image Denoising[J]. IEEE Transactions on Image Processing, 2017, 26(7):3142-3155.

[9] HE K M, ZHANG X Y, REN S Q, et al. Deep Residual Learning for Image Recognition[C]//IEEE Conference on Computer Vision and Pattern Recognition, 2016:770-778.

[10] DONG W S, ZHANG L, SHI G M, et al. Nonlocally Centralized Sparse Representation for Image Restoration[J]. IEEE Transactions on Image Processing, 2012, 22(4):1620-1630.

[11] GU S H, XIE Q, MENG D Y, et al. Weighted Nuclear Norm Minimization and Its Applications to Low Level Vision[J]. International Journal of Computer Vision, 2017, 121:183-208.

[12] IOFFE S, SZEGEDY C. Batch Normalization: Accelerating Deep Network Training by Reducing Internal Covariate Shift[C]//International Conference on Machine Learning. PMLR, 2015:448-456.

[13] ZORAN D, WEISS Y. From Learning Models of Natural Image Patches to Whole Image Restoration[C]//2011 International Conference on Computer Vision, 2011:479-486.

[14] GU S H, ZHANG L, ZUO W M, et al. Weighted Nuclear Norm Minimization with Application to Image Denoising[C]//IEEE Conference on Computer Vision and Pattern Recognition, 2014:2862-2869.

[15] ROTH S, BLACK M J. Fields of Experts[J]. International Journal of Computer Vision, 2009, 82(2):205.

[16] ZHANG K, ZUO W M, ZHANG L. FFDNet: Toward a Fast and Flexible Solution for CNN-Based Image Denoising[J]. IEEE Transactions on Image Processing, 2018, 27(9):4608-4622.

[17] DABOV K, FOI A, KATKOVNIK V, et al. Image Denoising by Sparse 3-D Transform-domain Collaborative Filtering[J]. IEEE Transactions on Image Processing, 2007, 16(8):2080-2095.

[18] SCHMIDT S, ROTH S. Shrinkage Fields for Effective Image Restoration[C]// IEEE Conference on Computer Vision and Pattern Recognition, 2014:2774-2781.

[19] CHEN Y, POCK T. Trainable Nonlinear Reaction Diffusion: A Flexible Framework for Fast and Effective Image Restoration[J]. IEEE Transactions on Pattern Analysis

and Machine Intelligence, 2016, 39(6):1256-1272.

[20] BURGER H C, SCHULER C J, HARMELING S. Image Denoising: Can Plain Neural Networks Compete with BM3D[C]//2012 IEEE Conference on Computer Vision and Pattern Recognition. IEEE, 2012:2392-2399.

[21] BEVILACQUA M, ROUMY A, GUILLEMOT C, et al. Low-Complexity Single-image Super-resolution Based on Nonnegative Neighbor Embedding[C]//British Machine Vision Conference, 2012:1-10.

[22] YANG J, WRIGHT J, HUANG T S, et al. Image Super-Resolution Via Sparse Representation[J]. IEEE Transactions on Image Processing, 2010, 19(11):2861-2873.

[23] MARTIN D, FOWLKES C, TAL D, et al. A Database of Human Segmented Natural Images and its Application to Evaluating Segmentation Algorithms and Measuring Ecological Statistics[C]//IEEE International Conference on Computer Vision. ICCV 2001, 2001, 2:416-423.

[24] HUANG J B, SINGH A, AHUJA N. Single Image Super-Resolution from Transformed Self-Exemplars[C]//IEEE Conference on Computer Vision and Pattern Recognition, 2015:5197-5206.

[25] SHEIKH H R, WANG Z, CORMACK L, et al. LIVE Image Quality Assessment Database Release 2, 2004[EB/OL].

[26] FOI A, KATKOVNIK V, EGIAZARIAN K. Pointwise Shape-Adaptive DCT for High-Quality Denoising and Deblocking of Grayscale and Color Images[J]. IEEE Transactions on Image Processing, 2007, 16(5):1395-1411.

[27] KIM J, LEE J K, Lee K M. Accurate Image Super-Resolution Using Very Deep Convolutional Networks[C]//IEEE Conference on Computer Vision and Pattern Recognition, 2016:1646-1654.

[28] DONG C, YU K, DENG Y B, et al. Compression Artifacts Reduction by a Deep Convolutional Network[C]//IEEE International Conference on Computer Vision, 2015:576-584.

[29] DONG C, LOY C C, HE K M, et al. Learning a Deep Convolutional Network for Image Super-Resolution[C]//European Conference on Computer Vision, 2014:184-199.

[30] IRANI M, PELEG S. Improving Resolution by Image Registration[J]. CVGIP:

Graphical Models and Image Processing, 1991, 53(3):231-239.
[31] FREEDMAN G, FATTAL R. Image and Video Upscaling from Local Self-Examples[J]. ACM Transactions on Graphics (TOG), 2011, 30(2):1-11.
[32] GLASNER D, BAGON S, IRANI M. Super-Resolution from a Single Image[C]//2009 IEEE 12th International Conference on Computer Vision. IEEE, 2009:349-356.
[33] YANG J C, LIN Z, COHEN S. Fast Image Super-Resolution Based on In-Place Example Regression[C]//IEEE Conference on Computer Vision and Pattern Recognition, 2013:1059-1066.
[34] BEVILACQUA M, ROUMY A, GUILLEMOT C, et al. Low-Complexity Single-Image Super-Resolution Based on Nonnegative Neighbor Embedding[C]//British Machine Vision Conference, 2012:135.1-135.10.
[35] CHANG H, YEUNG D Y, XIONG Y M. Super-Resolution Through Neighbor Embedding[C]//IEEE Computer Society Conference on Computer Vision and Pattern Recognition, 2004. CVPR 2004. IEEE, 2004.
[36] FREEMAN W T, PASZTOR E C, CARMICHAEL O T. Learning Low-Level Vision[J]. International Journal of Computer Vision, 2000, 40:25-47.
[37] JIA K, WANG X G, TANG X O. Image Transformation Based on Learning Dictionaries Across Image Spaces[J]. IEEE Transactions on Pattern Analysis and Machine Intelligence, 2012, 35(2):367-380.
[38] TIMOFTE R, DE S V, VAN G L. Anchored Neighborhood Regression for Fast Example-Based Super-Resolution[C]//IEEE International Conference on Computer Vision, 2013:1920-1927.
[39] YANG J C, WANG Z W, LIN Z, et al. Coupled Dictionary Training for Image Super-Resolution[J]. IEEE Transactions on Image Processing, 2012, 21(8):3467-3478.
[40] YANG J C, WRIGHT J, HUANG T, et al. Image Super-Resolution as Sparse Representation of Raw Image Patches[C]//2008 IEEE Conference on Computer Vision and Pattern Recognition. IEEE, 2008:1-8.
[41] YANG J C, WRIGHT J, HUANG T, et al. Image Super-Resolution Via Sparse Representation[J]. IEEE Transactions on Image Processing, 2010, 19(11):2861-2873.

[42] SUN J, XU Z, SHUM H Y. Image Super-Resolution Using Gradient Profile Prior[C]//2008 IEEE Conference on Computer Vision and Pattern Recognition. IEEE, 2008:1-8.

[43] AHARON M, ELAD M, BRUCKSTEIN A. K-SVD: An Algorithm for Designing Overcomplete Dictionaries for Sparse Representation[J]. IEEE Transactions on Signal Processing, 2006, 54(11):4311-4322.

[44] DENG J, DONG W, SOCHER R, et al. ImageNet: A Large-Scale Hierarchical Image Database[C]//2009 IEEE Conference on Computer Vision and Pattern Recognition. IEEE, 2009:248-255.

[45] SWANSON M D, ZHU B, TEWFIK A H. Transparent Robust Image Watermarking[C]//IEEE International Conference on Image Processing. IEEE, 1996, 3:211-214.

[46] WONG P W. A Public Key Watermark for Image Verification and Authentication[C]//1998 International Conference on Image Processing. ICIP98 (Cat. No. 98CB36269). IEEE, 1998, 1:455-459.

[47] PARK J, TAI Y W, KWEON I S. Identigram/Watermark Removal Using Cross-Channel Correlation[C]//2012 IEEE Conference on Computer Vision and Pattern Recognition. IEEE, 2012:446-453.

[48] HSU T C, HSIEH W S, CHIANG J Y, et al. New Watermark-Removal Method Based on Eigen-Image Energy[J]. IET Information Security, 2011, 5(1):43-50.

[49] BOYLE R D, HIARY H. Watermark Location Via Back-Lighting and Recto Removal[J]. International Journal of Document Analysis and Recognition (IJDAR), 2009, 12(1):33-46.

[50] YANG Y, SUN X M, YANG H F, et al. Removable Visible Image Watermarking Algorithm in the Discrete Cosine Transform Domain[J]. Journal of Electronic Imaging, 2008, 17(3):033008-033008-11.

[51] MAKBOL N M, KHOO B E, RASSEM T H. Block-Based Discrete Wavelet Transform - Singular Value Decomposition Image Watermarking Scheme Using Human Visual System Characteristics[J]. IET Image Processing, 2016, 10(1):34-52.

[52] ANSARI I A, PANT M. Multipurpose Image Watermarking in the Domain of DWT Based on SVD and ABC[J]. Pattern Recognition Letters, 2017, 94:228-236.

[53] HUYNH-THE T, BANOS O, LEE S, et al. Improving Digital Image Watermarking by Means of Optimal Channel Selection[J]. Expert Systems with Applications, 2016, 62:177-189.

[54] FARES K, AMINE K, SALAH E. A Robust Blind Color Image Watermarking Based on Fourier Transform Domain[J]. OPTIK, 2020, 208:164562.

[55] HUANG Y, NIU B N, GUAN H, et al. Enhancing Image Watermarking with Adaptive Embedding Parameter and PSNR Guarantee[J]. IEEE Transactions on Multimedia, 2019, 21(10):2447-2460.

[56] CHEN X, WANG W, DING Y, et al. Leveraging Unlabeled Data for Watermark Removal Of Deep Neural Networks[C]//ICML Workshop on Security and Privacy of Machine Learning, 2019:1-6.

[57] SHARMA S S, CHANDRASEKARAN V. A Robust Hybrid Digital Watermarking Technique Against a Powerful CNN-based Adversarial Attack[J]. Multimedia Tools and Applications, 2020, 79(43-44):32769-32790.

[58] HARIBABU K, SUBRAHMANYAM G, MISHRA D. A Robust Digital Image Watermarking Technique Using Auto Encoder Based Convolutional Neural Networks[C]//2015 IEEE Workshop on Computational Intelligence: Theories, Applications and Future Directions (WCI). IEEE, 2015:1-6.

[59] CHEN X Y, WANG W, BENDER C, et al. Refit: A Unified Watermark Removal Framework for Deep Learning Systems with Limited Data[C]//2021 ACM Asia Conference on Computer and Communications Security, 2021:321-335.

[60] YANG L, ZHU Z, BAI X. WDNet: Watermark-Decomposition Network for Visible Watermark Removal[C]//IEEE/CVF Winter Conference on Applications of Computer Vision, 2021:3685-3693.

[61] LU J X, NI J Q, SU W K, et al. Wavelet-Based CNN for Robust and High-Capacity Image Watermarking[C]//2022 IEEE International Conference on Multimedia and Expo (ICME). IEEE, 2022:1-6.

[62] FU L J, SHI B, SUN L, et al. An Improved U-Net for Watermark Removal[J]. Electronics, 2022, 11(22):3760.

[63] BLOOMFIELD P, STEIGER W L. Least Absolute Deviations: Theory, Applications, and Algorithms[M]. Boston: Birkhäuser, 1983.

[64] POLLARD D. Asymptotics for Least Absolute Deviation Regression Estimators[J].

Econometric Theory, 1991, 7(2):186-199.
[65] KINGMA D P, BA J. Adam: A Method for Stochastic Optimization[J]. arXiv Preprint arXiv:1412.6980, 2014.
[66] RONNEBERGER O, FISCHER P, BROX T. U-Net: Convolutional Networks for Biomedical Image Segmentation[C]//Medical Image Computing and Computer-Assisted Intervention-MICCAI 2015: 18th International Conference, Munich, Germany, October 5-9, 2015, Proceedings, Part Ⅲ 18. Springer International Publishing, 2015:234-241.
[67] TIAN C W, XU Y, LI Z Y, et al. Attention-Guided CNN for Image Denoising[J]. Neural Networks, 2020, 124:117-129.
[68] ZHANG Q, XIAO J Y, TIAN C W, et al. A Robust Deformed Convolutional Neural Network (CNN) for Image Denoising[J]. CAAI Transactions on Intelligence Technology, 2023, 8(2):331-342.
[69] CHENG D, LI X, LI W H, et al. Large-Scale Visible Watermark Detection and Removal With Deep Convolutional Networks[C]//Pattern Recognition and Computer Vision: First Chinese Conference, PRCV 2018, Guangzhou, China, November 23-26, 2018, Proceedings, Part Ⅲ 1. Springer International Publishing, 2018:27-40.
[70] LIU Y, ZHU Z, BAI X. WDNet: Watermark-Decomposition Network for Visible Watermark Removal[C]//IEEE/CVF Winter Conference on Applications of Computer Vision, 2021:3685-3693.
[71] DOLBEAU R. Theoretical Peak FLOPS Per Instruction Set: a Tutorial[J]. The Journal of Supercomputing, 2018, 74(3):1341-1377.
[72] YU F, KOLTUN V. Multi-Scale Context Aggregation by Dilated Convolutions[J]. arXiv Preprint arXiv:1511.07122, 2015.
[73] RUMELHART D E, HINTON G E, WILLIAMS R J. Learning Representations by Back-Propagating Errors[J]. Nature, 1986, 323(6088):533-536.
[74] MAAS A L, HANNUN A Y, NG A Y. Rectifier Nonlinearities Improve Neural Network Acoustic Models[C]//In ICML, 2013, 30(1):3.

第 3 章 基于双路径卷积神经网络的图像去噪方法

3.1 引言

由于具有很强的自适应能力，CNN 已广泛应用于图像去噪任务。随着 VGG 等网络结构的出现，增大网络深度成为提升目标性能的有效手段。但深的网络结构不仅会提高梯度爆炸和梯度消失的风险，也会增大网络训练的难度。同时，已有大部分深度网络提取的特征单一，不能更好地处理复杂的随机噪声图像的去噪问题。此外，在训练过程中，卷积操作会使样本分布不均匀（称为非独立同分布）。针对此问题，学者们利用局部的归一化操作来统一训练样本的分布。例如，块归一化技术通过把每个块内的样本进行归一化来统一样本的分布。虽然该方法能在一定程度上缓解非独立同分布问题，但它忽视了块与块之间的关系。当块较大时，分块处理技术对硬件资源的需求较高。但当块极小时，不同块之间的数据会出现不一致的分布，因此导致图像去噪的效果变差。

为了解决这些问题，本章提出一种基于双路径卷积神经网络的图像去噪方法。该方法主要通过增大网络的宽度来提取互补的特征，有利于处理复杂的随机噪声图像的去噪问题，并结合块重归一化技术来解决低配置硬件平台上训练过程中数据分布不均匀的图像去噪问题。具体地，本章首先通过双网络结构提取互补的特征，增强复杂的随机噪声图像去噪效果。其次，双网络中的重归一化技术用个体归一化代替块内样本归一化，以解决资源受限的平台上网络训练中样本分布不均匀的图像去噪问题。再次，空洞卷积仅用于单一子网络，通过扩大感受野来捕获更多的上下文信息并提取更多深度特征，与获得的宽度特征形成互补。此外，该操作能扩大两个子网络的结构差异，提升去噪性能。最后，两个子网络中的残差学习技术能提高潜在干净图像的质量。大量实验验证了本章提出的基于双路径卷积神经网络的图像去噪方法不仅对已知类型噪声图像（高斯噪声图像和真实噪声图像）的去噪非常有效，还能有效处理低配置硬件下数据分布不均匀的图像去噪问题。

3.2 相关技术

采用端到端的网络结构是 CNN 成功的一个重要因素。CNN 的基本要素包括：激活函数、池化操作、初始参数设定、基于梯度的优化方法和卷积核等。虽然与传统的多层感知机（Multi-Layer Perception，MLP）相比，CNN 可在图像应用上获得更好的性能，但卷积操作改变了训练数据的分布。因此，这类问题是非独立同分布问题。具体地，训练数据的数量越大，预测结果可能越不准确。为了解决这个难题，学者们提出了 BN 技术。已有的 BN 技术通过归一化运算、缩放和移位等操作来解决非独立同分布（内部协变量偏移）难题，它不仅能预防梯度爆炸和梯度消失、加快训练网络收敛的速度，还能提高网络的泛化能力。但当 Batchsize 极小时，BN 技术不能保证不同块之间的数据有相同的分布，严重限制了它在硬件资源受限的情况下在图像识别和视频追踪领域的应用。对此，重归一化技术用单样本代替块进行归一化来统一训练数据的分布，并解决由小块引起的非独立同分布问题。

3.2.1 空洞卷积技术

传统的 CNN 方法都通过利用池化操作降低原始输入图像的维度来提高训练模型的效率。然而，在池化过程中会丢失一些重要的信息。针对这个问题，通过扩大感受野来捕获更多的上下文信息是非常有效的解决办法。增大网络深度和过滤器的宽度是扩大感受野的常用方法。然而，增大网络深度可能导致性能下降，扩大感受野会增加参数量和提高计算代价。为了解决这个问题，学者们常用 3×3 的空洞卷积来代替增大网络深度，映射更多的上下文信息。空洞卷积能通过 $(4n+1)\times(4n+1)$获得其感受野大小，用 f 表示空洞因子，用 n 表示空洞卷积层数。例如，所设计的网络由 5 层的过滤器大小为 3×3、f=2 和 n=10 的空洞卷积组成，这个网络能获得 41×41 的感受野，使更浅结构的网络能达到普通的 20 层 CNN 的去噪效果。因此，空洞卷积技术具有良好的应用前景。此外，已有研究显示，空洞卷积对图像去噪非常有效。但这些学者忽视了将重归一化技术、残差学习技术和空洞卷积技术结合对图像去噪的影响。因此，本章将研究空洞卷积技术与 CNN 中重归一化和残差学习技术的协同效应，以更好地解决低配置硬件下样本分布不均匀的图像去噪问题。

3.2.2　残差学习技术

2016 年，He 等提出了残差学习技术以解决深度大幅增加时的网络性能下降问题。该技术融合当前网络层的输出信息和之前几个堆积层的输出信息并将其作为下一层的输入，以解决梯度消失或梯度爆炸难题，残差神经网络（Residual Neural Network，ResNet）的结构如图 3-1 所示。随后，ResNet 的很多变体网络用于解决底层计算机视觉任务。例如，非常深的超分辨率网络堆积多个小过滤器的卷积层和利用全局信息进行残差学习。

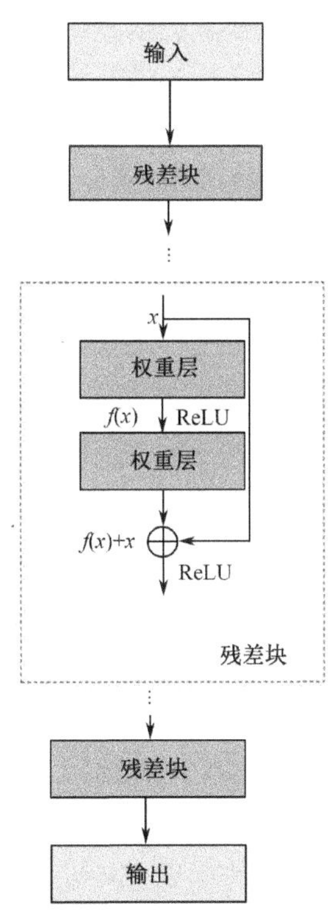

图 3-1　ResNet 的结构

3.3 面向图像去噪的双路径卷积神经网络

本章利用经典的图像退化模型 $y=x+v$ 来构建图像去噪模型。其中，y 代表噪声图像。当 v 是高斯白噪声时，它代表带有标准差 δ 的高斯白噪声。本章利用退化模型分析噪声任务的属性，构建 CNN；随后，通过 CNN 来预测高斯白噪声和真实噪声并训练去噪模型。一般通过两个阶段来完成目标任务：网络结构设计和模型训练。在网络结构设计方面，本章通过连接两个 CNN 来设计一个新的网络；在模型训练方面，本章的双网络中融合重归一化技术、残差学习技术和空洞卷积技术来训练去噪模型。下面进行详细介绍。

3.3.1 网络结构

对于不同的网络结构，能提取不同的特征，这些特征在图像去噪任务上是互补的。学者们提出通过增大网络的宽度来获得不同的特征以达到提升网络性能的目的。因此，本章提出基于双路径的去噪网络（DPDN），面向图像去噪的双路径卷积神经网络结构如图 3-2 所示。DPDN 由两个不同的 17 层网络组成，即上网络和下网络。上网络仅利用残差学习技术和 BRN 技术；下网络利用 BRN 技术、残差学习技术和空洞卷积技术。考虑到感受野越大，模型的训练效率越低。因此，本章仅在一个子网络（下网络）中使用空洞卷积技术来扩大感受野。由于两个子网络结构不同，所以具有良好的互补性。此外，同时使用这两个子网络相当于增大了整个网络的宽度。与单纯增大网络深度的方法相比，这种可以增大网络宽度的方法具有更好的计算稳定性，包括可在一定程度上避免梯度爆炸。考虑到去噪性能和效率，下网络的第 2～8 层和第 10～15 层使用空洞卷积来捕获更多的上下文信息。考虑到卷积操作会改变训练数据的分布，下网络的第 1 层、第 9 层和第 16 层使用 BRN 技术来使数据分布均匀。此外，BRN 技术能有效处理运行在 GTX780 Ti 和 GTX950 等低配置硬件平台上。最后，为了更好地保留原始输入信息，在两个子网络中采用残差学习技术恢复干净图像，并通过连接操作增强干净图像，以进一步遏制噪声。关于 DPDN 中关键技术的有效性和合理性将在后续内容中详细介绍。

17 层的上网络由两个不同类型的层组成：Conv+BRN+ReLU 和 Conv。Conv、BRN 和 ReLU 分别代表卷积、重归一化技术和线性修正单元（Rectified Linear Units）。Conv+BRN+ReLU 代表卷积、BRN 和线性修正单元按顺序连接在一起，作用在上网络的 1～16 层，单一的 Conv 组成最后一层。此外，除了下网络的第 1 层和第 17 层（最后一层），每层大小都是 64×3×3×64。第 1 层和最后一层的大小分别为 c×3×3×64 和 64×3×3×c，这里的 c 表示通道数。c=1 和 c=3 分别表示灰度图像和彩色图像。此外，⊕在本书中表示残差学习技术，在 DPDN 的实现中用减号代替，它负责融合输入图像和两个子网络的输出。最后，由空洞因子（为 1）和上网络深度（为 17 层）可计算出上网络的感受野(17×2+1)×(17×2+1)=35×35。

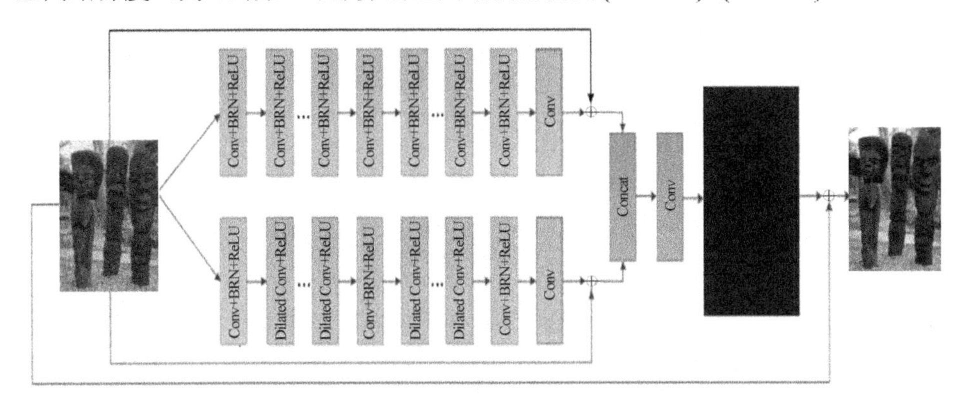

图 3-2　面向图像去噪的双路径卷积神经网络结构

下网络具有与上网络一样的深度。下网络的第 1 层、第 9 层和第 16 层设置为 Conv+BRN+ReLU。第 2～8 层、第 10～15 层设置为空洞卷积，第 17 层（最后一层）设置为卷积层。每层的大小与上网络对应层是相同的。然而，由于采用的空洞因子为 2，第 2～8 层和第 10～15 层能获得更多的信息。此外，第 2～8 层和第 10～15 层的感受野为(4n+1)×(4n+1)。因此，下网络每层的感受野分别为 3、7、11、15、19、23、27、31、33、35、39、43、47、51、55、59、61，这使第 17 层的下网络可以获得与 30 层普通网络相同的性能，这说明空洞卷积能使下网络降低图像去噪的计算代价。此外，DPDN 能通过 Concat 操作连接两个子网络的通道来融合所获得的特征。如果两个子网络的输出大小都是 64×3×3×c，则双网络的输出大小为 64×3×3×2c。双网络的输出作为 DPDN 最后一层（Conv 层）的输入，最后一层的大小为 64×3×3×c。此外，残差学习技术通过融合输入图像和最后一层输出特征的映射以获得干净图像。由上述分析可知，具有 18 层浅网络结构的 DPDN 不会引起梯度消失或梯度爆炸。

上述设计使 DPDN 具有以下优势：

（1）DPDN 通过双网络提取互补的宽度特征，提高去噪性能。

（2）DPDN 采用 BRN 技术解决小块的内部协变量偏移问题，解决低配置硬件

（硬件资源受限）平台上样本分布不均匀的问题。

（3）DPDN 能通过空洞卷积来提取更多的深度特征，与获得的宽度特征形成互补，从而提高网络去噪性能。

实验结果验证了本章提出的 DPDN 比 DnCNN、FFDNet 和图像复原的 CNN（Image-Restoration CNN，IRCNN）方法对已知类型的高斯噪声图像和复杂的随机噪声图像（真实的噪声图像）去噪更有效，这说明 DPDN 在完成图像去噪任务方面具有良好的鲁棒性。此外，为了更好地了解 DPDN 模型在训练中学习参数的过程，下面详细介绍 DPDN 的损失函数和优化参数的函数，从理论分析和实验的角度说明 DPDN 的设计原理并验证它的有效性。

3.3.2 损失函数

在 DPDN 中，本章参考了 GoogLeNet 和 DnCNN 的训练过程，选择均方误差（Mean-Square Error，MSE）来优化网络参数。假设 x 是一幅干净的图像，y 表示一幅噪声图像。当给定训练集 $\left\{x_j, y_j\right\}_{j=1}^{N}$ 时，DPDN 使用残差学习技术来预测一幅残差映射图像 $f(y)$。随后，本节通过 $x=y-f(y)$把噪声图像转化为干净图像。因此，优化的参数能通过最小化以下损失函数得到

$$l(\theta)=\frac{1}{2N}\sum_{j=1}^{N}\| f(y_i,\theta)-(y_i-x_i)\|^2 \tag{3-1}$$

式中，N 表示噪声图像的数量；θ 表示所提模型的参数。利用 Adam 函数在训练过程中优化上述参数。考虑到图像的不同区域包含不同的结构信息，利用噪声图像块比整个噪声图像更容易处理和获得特征。此外，图像分块处理比处理整个图像需要更小的内存空间和更低的计算代价。因此，本章用噪声图像块训练去噪模型。

3.3.3 重归一化技术、空洞卷积技术和残差学习技术的结合利用

DPDN 的一个优势是通过组合两种不同和互补的网络来解决图像去噪问题。其中，两种不同的网络结构分别为由重归一化技术和残差学习技术组成的上网络，由重归一化技术、空洞卷积技术和残差学习技术组成的下网络，它们能提供互补

的特征以促进 DPDN 恢复干净的图像。例如，在图 3-2 中，DPDN 能利用双网络预测标准差为σ（σ=75）的外加高斯噪声以获得潜在的干净图像，这个过程需要通过两步来完成。首先，DPDN 估计噪声 v；其次，DPDN 利用 v 从原始噪声图像中获得干净的图像 x，这个过程与 3.3.2 节中的介绍相同。因此，DPDN 对噪声进行估计的准确性会直接影响重构图像的效果。以此为出发点，本节接下来重点阐述 DPDN 的设计规则。

首先，深度网络忽视了网络宽度特征的作用。DPDN 网络使用两个不同的子网络提取互补的宽度特征，能更好地对复杂的随机噪声图像进行去噪。同时，DPDN 具有相对浅的网络结构，因此不容易产生梯度消失或梯度爆炸现象。

其次，经过卷积操作后训练样本的分布会发生变化。已有的 BN 技术通过对块内数据进行归一化来解决数据分布不均匀的问题。但 BN 技术没有充分考虑块与块之间的联系，块内数据越少，则块之间的样本分布差异越大，导致 BN 不适合移植到真实的应用上。因为在内存极小的拍照设备上，BN 会降低去噪性能。针对此问题，本章用 BRN 技术代替 BN 技术，通过对整个个体进行归一化来解决硬件资源受限情况下样本分布不均匀的问题。此外，BRN 技术也继承了 BN 技术的优点，能提高图像去噪网络的训练收敛速度。

最后，由于深度增加，卷积网络会丢失一些重要的图像上下文信息。因此，本章仅把空洞卷积用在 DPDN 的一个子网络中，以捕获更多的深度信息。此外，由 GoogLeNet 的结构可知，增大网络宽度能提取更多的互补特征，这个思想在 DPDN 中被转换为双网络。由上述分析可知，空洞卷积能捕获更多的深度信息，双网络能捕获更多的宽度信息，将两者结合才能捕获更精准的噪声特征。考虑到效率也是实际应用的一个重要的评价指标，本章仅把空洞卷积用在下网络中，不仅能提高去噪效率，还能使 DPDN 的结构产生更大的差异，以获得互补特征，并提高训练降噪模型的泛化能力。最后，残差学习通过加强输入信息的作用来获得更干净的图像。

本节总结得到 DPDN 的优势如下。

（1）融合两个浅结构的网络比 FFDNet 和 IRCNN 等单一网络获得了更好的去噪效果。

（2）空洞卷积能使 DPDN 提取更多的深度特征，这与双网络提取的宽度特征形成互补，能增强去噪模型的表达能力。

（3）残差学习的使用能配合双网络和空洞卷积来提取更有效的特征。

因此，重归一化技术、空洞卷积技术和残差学习技术的结合对图像去噪任务有效。下面说明这些技术如何部署在 DPDN 中，以及验证它们的合理性和有效性。

3.4 实验结果与分析

本节主要从实验设置、主要成分分析、灰度合成噪声图像去噪、彩色合成噪声图像去噪、真实噪声图像去噪和单幅噪声图像的去噪时间等方面来验证 DPDN 的去噪性能。首先，本节介绍 DPDN 模型训练用到的初始参数。为了验证 DPDN 在图像去噪上的有效性，本节选取的初始参数均与经典深度学习去噪方法 DnCNN 和 FFDNet 等相同。其次，本节讨论 DPDN 主要技术的设计原理和有效性。再次，本节选择主流去噪方法，利用公开数据集验证 DPDN 在合成噪声图像和真实噪声图像上的去噪性能，这些数据集的更多信息会在 3.4.1 节进行介绍和说明。主流去噪方法包括 BM3D、WNNM、MLP、TNRD、对数似然期望（Expected Patch Log Likehood，EPLL）、收缩场级联方法（Cascade of Shrinkage Fields，CSF）、DnCNN、IRCNN 和 FFDNet 等。

为了系统地验证所提方法的性能，本节用峰值信噪比（Peak Signal-to-Noise Ratio，PSNR）和可视化的去噪图像来测试去噪效果。去噪方法在测试集上获得的 PSNR 越大，表明该方法的图像去噪性能越好。实际上，$\text{PSNR}=10\log_{10}(\text{MAX})^2/\text{MSE}$，其中，MAX 代表每幅图像的最大像素值，这里将它设为 1.0。通过 $\text{MSE}=\frac{1}{n}\sum_{j=1}^{n}\sum_{i=1}^{n}(x_j^i-y_j^i)^2$ 来计算一幅真实的干净图像和一幅预测干净图像之间的误差。x_j^i 和 y_j^i 分别代表一幅干净图像和恢复干净图像的(i,j)像素点。为了使读者更清晰地了解上述过程，本节接下来举例说明如何用 PSNR 和可视化效果来测试 DPDN 的图像去噪效果。首先，假设来自 CC 数据集的一幅干净图像是 xx，利用 DPDN 模型恢复得到的干净图像为 yy。MAX 是 xx 和 yy 中的最大像素值。基于这些已知条件，它们的 PSNR 能通过 $\text{PSNR}=10\log_{10}(\text{MAX})^2/\text{MSE}$ 计算得到。其次，本章利用 DPDN 和一些经典的去噪方法在彩色噪声图像、灰度噪声图像和真实噪声图像上设计实验，以获得它们在去噪图像上的 PSNR。实验表明，本章提出的 DPDN 在不同级别噪声情况下均取得较好的性能。为了展示去噪图像的可视化效果，本节从获得的干净图像中选择一个区域并将其放大作为观察区。观察区越干净，则对应的去噪方法越有效。最后，本节通过测量不同的去噪方法的计算代价验证所提方法在复杂度和处理单幅噪声图像的去噪时间方面也具有很强的竞争力。

3.4.1 实验设置

（1）训练集：本章选择滑铁卢大学开发的数据库 Waterloo Exploration Database 中的前 3,859 幅图像，将其作为训练集来训练高斯噪声图像去噪模型。将用于训练的图像裁剪成大小为 20×58 的图像，其中每个图像分为 319 个 50×50 图像块：这样设置的原因如下：DPDN 由两个子网络组成，每个子网络的深度都是 17 层。由于两个子网络融合后通过一个卷积层构造干净图像，故 DPDN 的深度为 18 层。由 3.3.1 节中的网络感受野计算公式可知，上网络的感受野为 2×17+1=35，下网络的感受野为 61。如果块大小明显大于网络感受野大小，则网络的计算代价较高。如果块大小明显小于网络感受野大小，则网络不能完全给出块映射，会导致较低的降噪性能。考虑到上述因素，本章将两个子网络感受野大小的平均值 [(35+61)+2]/2=49 作为 DPDN 的感受野大小，块大小设为 50×50（50>49）。此外，块大小小于下网络感受野大小，它不能完全映射下网络。然而，块大小大于上网络感受野大小，能给下网络提供互补信息。因此，块大小设置成 50 是合理的。

本章选择香港理工大学真实噪声图像集（Hong Kong Polytechnic Noisy Image Datasets，HPNID）中的 100 幅噪声图像来训练真实噪声图像的降噪器。这些真实噪声图像是利用 5 个不同相机（Canon 5D Mark II、Canon 80D、Canon 600D、Nikon D800 和 Sony A7 II）在不同场景和不同感光度下捕获拍摄的。为了提高训练效率，这些真实噪声图像同高斯噪声图像一样裁剪成 423,200 个 50×50 图像块。

（2）测试集：本章利用外加随机高斯噪声来训练灰度噪声图像去噪模型。参考 DnCNN 和 FFDNet 的实验设置，本章将伯克利分段数据集 68（Berkeley Segmentation Dataset 68，BSD68）和 Set12 作为测试集。BSD68 数据集包含 68 幅 481×321 或 321×481 的自然图像。Set12 由 12 幅灰度自然图像组成，每幅图像的大小为 256×256 或 512×512。

本章应用 CBSD68、Kodak24 和 McMaster 数据集来测试 DPDN 在彩色噪声图像上的去噪性能。CBSD68 数据集包括 68 幅与 BSD68 数据集背景相同的彩色图像，每幅图像大小为 481×321 或 321×481。Kodak24 由 24 幅 500×500 的自然图像组成。McMaster 数据集由 18 幅 500×500 的彩色图像组成。

本章利用 CC 数据集训练去噪器。CC 数据集是由不同相机（Nikon D800、Nikon D600 和 Canon 5D Mark III）在不同曝光率（1,600、3,200 和 6,400）下收集的 15 幅真实噪声图像，每幅图像大小为 500×500，这里展示部分真实噪声图像，9 幅来自 CC 数据集的噪声图像如图 3-3 所示。DPDN 模型的训练集和测试集如表 3-1 所示。

图 3-3　9 幅来自 CC 数据集的噪声图像

表 3-1　DPDN 模型的训练集和测试集

数据集	类型	数据集大小	图像大小
Waterloo Exploration Database	高斯噪声图像去噪模型训练集	3,859	50×50
HPNID	真实噪声图像去噪模型训练集	100	50×50
BSD68	灰度噪声图像去噪模型测试集	68	481×321 或 321×481
Set12	单类噪声图像去噪模型测试集	12	256×256 或 512×512
CBSD68	彩色噪声图像去噪模型测试集	68	481×321 或 321×481
Kodak24	彩色噪声图像去噪模型测试集	24	500×500
McMaster	彩色噪声图像去噪模型测试集	18	500×500
CC	真实噪声图像去噪模型测试集	15	500×500

本章设置 DPDN 的深度为 18 层，用于灰度合成噪声图像、彩色合成噪声图像和真实噪声图像的去噪。将式（3-1）作为目标函数来预测残差图像。训练 DPDN 模型的其余参数、工具及平台等信息如下：学习率为 1×10^{-3}，beta 1=0.9，beta 2=0.999，epsilon=1×10^{-8}，Batchsize=20。其中，beta 1、beta 2 和 epsilon 用于更新

步长和梯度。训练DPDN的周期为50。50个周期的学习率从1×10^{-3}变化到1×10^{-4}。本章应用 2.7 Python 的 Keras 包来训练 DPDN 模型。所有的实验都运行在 Ubuntu 14.04 上。此外，训练一个彩色噪声图像去噪模型约花费 144 h。

3.4.2 关键技术的合理性和有效性验证

增大网络的深度不仅会提高网络的梯度爆炸和梯度消失风险，而且还会增大模型的训练难度。Szegedy 等通过增大网络宽度提取更多同层次的不同信息，以解决这个问题。Zhang 等提出不同的网络结构能产生不同的特征，网络差异越大，提取的特征越具有互补性。此外，单一网络提取的特征不能很好地表示复杂的随机噪声图像。因此，本章利用两个不同结构的网络（上网络和下网络）设计 DPDN，以解决复杂的随机噪声图像去噪问题。考虑到在深度网络模型的训练过程中，经过卷积操作后训练数据的分布极易发生改变，而已有的 BN 技术依赖块和硬件平台来解决这个问题，限制了此技术在真实数字设备上的应用。针对此问题，本章用对整个个体进行归一化的 BRN 技术代替 BN，以解决训练过程中样本分布不均匀的问题。具体地，本章把 BRN 技术分别融合到上网络和下网络中，设计一个具有浅层结构的高性能降噪器 DPDN。虽然增大网络宽度能获取更多互补特征，但浅层结构的网络更容易忽视深度网络底端的信息。而空洞卷积能在不引入额外参数和提高计算代价的前提下，通过扩大感受野来获得更多的上下文信息。因此，考虑到计算效率和双网络结构的差异，本章仅将空洞卷积用到一个子网络（下网络）中。考虑到 CNN 中的训练数据容易发生内部变量偏移问题，本章设计的下网络分别在首尾和中间层中添加 BRN。考虑到高斯合成噪声图像的属性，将两个残差学习技术分别用在上网络和下网络的末端，以获得干净图像。然后，将获得的干净图像通过 Concat 操作融合，以获得更干净的图像，能有效预防噪声。虽然融合的干净图像能提高图像质量，但可能会导致其部分像素比真实的高质量图像过分增强。因此，将单独的卷积作为 DPDN 的最后一层，用来消除上述负面影响和把获得的特征转换为相应的噪声映射。最后，用在 DPDN 末端的残差学习技术能利用输入的噪声图像和预测的噪声映射来重构干净图像。下面重点说明 DPDN 的主要技术在图像去噪上的有效性。

本节用 6 幅可视化图像来展示 DPDN 的关键技术在图像去噪上的有效性，如图 3-4、图 3-5 和图 3-6 所示。首先，图 3-4（a）和图 3-4（b）用于验证 DPDN 中的残差学习（RL）技术在图像去噪上的有效性，可知包含残差学习技术的 DPDN 比不包含残差学习技术的 DPDN 在图像去噪上获得了更高的 PSNR。当σ =50 时不同方法在 CBSD68 数据集上的去噪结果如表 3-2 所示，由表 3-2 可知，与不包含空间卷积的两个子网络相比，DPDN 在彩色噪声图像上获得了更好的去噪结果，也说明了这里的两个子网络中的残差学习技术对 DPDN 有效。此外，BRN 和空洞卷积等插件对 DPDN 去噪结果的提升也非常有效。BRN 技术针对单样本来估计其训练过程中样本分布而 BN 技术针对一批样本。BRN 技术不仅能处理训练过程中样本分布不均匀的问题，还能继承 BN 技术训练模型收敛的优点。

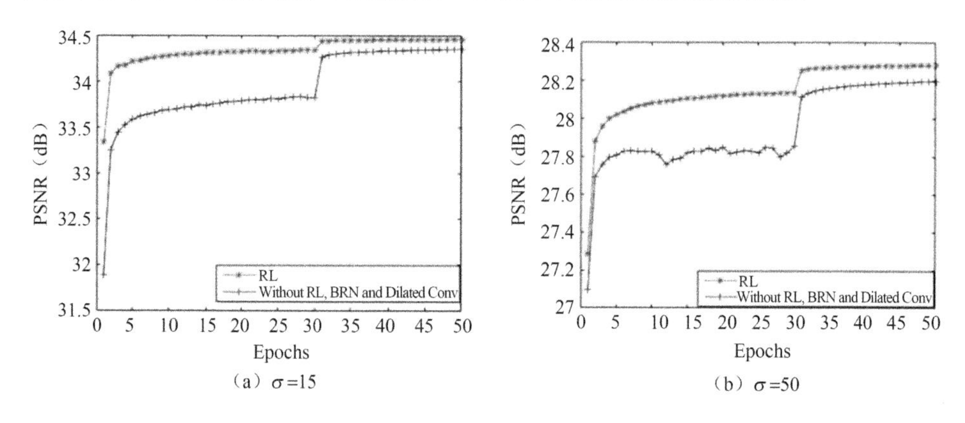

图 3-4　当σ 为 15 和 50 时验证 DPDN 中的 RL 技术在图像去噪上的有效性

表 3-2　当σ= 50 时不同方法在 CBSD68 数据集上的去噪结果

方法	PSNR（dB）
上网络	27.33
下网络	28.06
包含空洞卷积的下网络	27.74
都包含空洞卷积的两个子网络	28.16
不包含空洞卷积的两个子网络	28.11
DnCNN	28.01
包含两个 DnCNN 的网络	28.01
DPDN	28.16

因此，本章将 BRN 技术用于 DPDN，以解决硬件资源受限平台上的图像去噪问题。为了验证在图像块较小的情况下 BRN 技术比 BN 技术在图像去噪上更有效，本节利用大小为 20、32 和 64 的块在σ=50 时测试不同方法的 PSNR。这里采

用的训练集为 Waterloo Exploration Database 数据集，测试集为 McMaster 数据集。在不同块大小下，包含 BRN 技术和 BN 技术的网络在 McMaster 数据集上的去噪结果如表 3-3 所示。可知，包含 BRN 技术的网络在图像去噪上没有受块大小的影响。BRN 技术比 BN 技术在 Batchsize=20 时有更好的去噪结果。此外，由于深度网络模型在训练过程中会出现随机参数，导致去噪性能有微小波动，所以包含 BRN 技术的网络在 Batchsize = 32 时获得了较好的去噪结果。综上所述，具有 BRN 技术的 DPDN 更适用于低配置硬件平台。

表 3-3　包含 BRN 技术和 BN 技术的网络在 McMaster 不同方法上的去噪结果

网络	PSNR（dB）		
	Batchsize=20	Batchsize=32	Batchsize=64
包含 BRN 技术	35.08	35.09	35.08
包含 BN 技术	34.94	35.07	35.07

DPDN 中的残差学习技术对图像去噪也非常有效。图 3-5（a）和图 3-5（b）显示，当σ= 15 和σ= 50 时，将残差学习技术和 BRN 技术结合的网络比单独使用残差学习技术的网络在图像去噪上有效。此外，空洞卷积技术通过扩大感受野来获得更多的上下文信息，也能挖掘更多的网络深层信息。因此，空洞卷积技术可用于在 DPDN 中解决图像去噪问题。图 3-6（a）和图 3-6（b）验证了 DPDN 中的空洞卷积技术在图像去噪上的有效性。

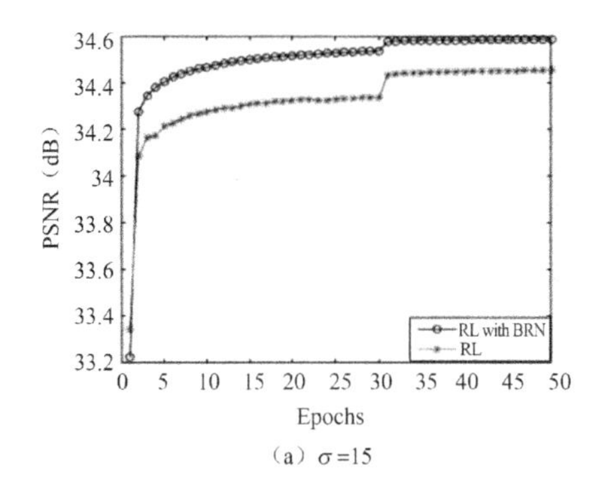

（a）σ=15

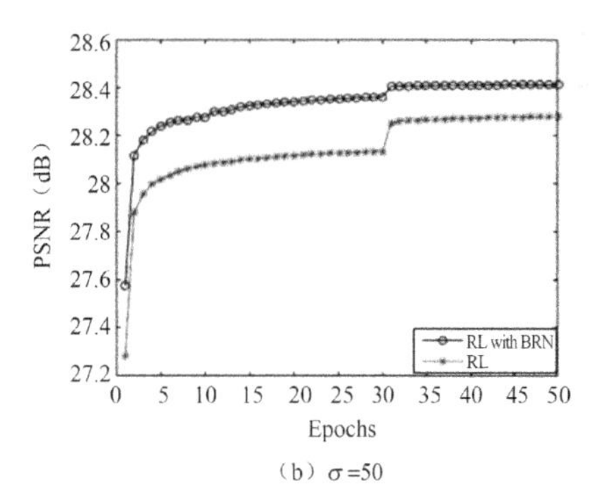

（b）σ=50

图 3-5　当σ 为 15 和 50 时验证 DPDN 中的 BRN 技术在图像去噪上的有效性

具体地，包含残差学习技术、BRN 技术和空洞卷积技术的网络比单独使用残差学习技术或 BRN 技术的网络获得了更高的 PSNR。表 3-2 也显示了包含空洞卷积的下网络比不包含空洞卷积的下网络在图像去噪上获得了更高的 PSNR，这些

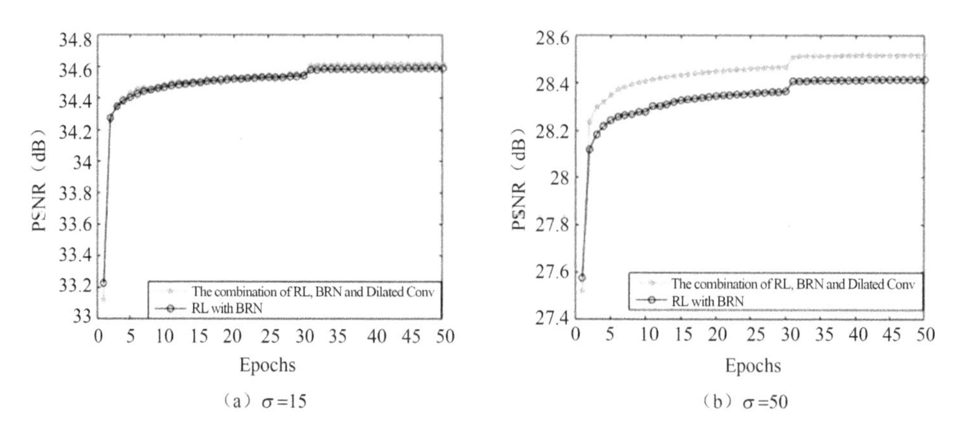

（a）$\sigma=15$　　（b）$\sigma=50$

图 3-6　当σ 为 15 和 50 时验证 DPDN 中的空洞卷积技术在图像去噪上的有效性

都说明了 DPDN 中的空洞卷积对图像去噪非常有效。此外，不同的网络结构能产生不同的特征，这些特征在图像去噪上是互补的。因此，本节提出的 DPDN 能通过两个不同的网络（上网络和下网络）来提高去噪性能。将上网络和下网络结合比单独使用一个子网络在图像去噪上获得了更好的效果。例如，在表 3-2 中，DPDN 比上网络和下网络在$\sigma = 50$ 时获得了更高的 PSNR。此外，DPDN 仅在下网络中使用空洞卷积技术，不仅能增大双网络之间的差异，与在双网络中都使用空洞卷积技术相比，还能获得更高的去噪效率。两种方法在大小为 256×256、512×512 和 1024×1024 的噪声图像上的去噪时间如表 3-4 所示，当两个子网络都在第 2～8 层和第 10～15 层使用空洞卷积时，其去噪时间长于 DPDN。

如表 3-2 所示，这两种网络的性能是相同的，这说明 DPDN 网络的设计是合理的。为了进一步公平地验证所提出的 DPDN 在图像去噪上的有效性，本章采用经典深度学习去噪方法 DnCNN 和 FFDNet 中的初始参数来训练 DPDN 模型，并在公开数据集 BSD68、Set12、CBSD68、Kodak24 和 McMaster 上系统地测试 DPDN 对不同噪声图像（灰度与彩色高斯噪声图像、真实噪声图像）的去噪效果和去噪时间，并评估去噪网络复杂度和查看可视化去噪效果。此外，为了避免平台和环境对去噪模型的干扰，本章用 3.4.1 节提到的 Ubuntu 14.04 测试原作者提供的 DnCNN 和 FFDNet 等经典去噪模型在公开数据集上的图像去噪效果。有关这些去噪模型的更多实验结果请参考 3.4.3 节至 3.4.5 节。

表 3-4　两种方法在大小为 256×256、512×512 和 1024×1024 的噪声图像上的去噪时间

方法	设备	去噪时间（s）		
		256×256	512×512	1024×1024
都包含空洞卷积的两个子网络	GPU	0.081	0.238	0.935
DPDN	GPU	0.062	0.207	0.788

3.4.3　灰度与彩色高斯噪声图像去噪

将 DPDN 和几个经典的图像去噪方法（如 BM3D、WNNM、EPLL、MLP、CFS、TNRD、DnCNN、IRCNN 和 FFDNet）在 BSD68 数据集上设计实验，以验证 DPDN 方法在灰度高斯噪声图像去噪上的有效性。当σ为 15、25、50 时，不同方法在 BSD68 数据集上的平均 PSNR 如表 3-5 所示，本章提出的 DPDN 在灰度高斯噪声图像去噪上能获得最高的 PSNR，并优于 BM3D 和 DnCNN 等去噪方法。例如，当$\sigma = 25$ 时 DPDN 比 BM3D 获得的 PSNR 高 0.72dB，说明 DPDN 具有更好的去噪性能。当σ 为 15、25、50 时不同方法在 12 幅广泛使用的图像上的 PSNR 如表 3-6 所示，表 3-6 显示，DPDN 对单类噪声图像去噪非常有效。例如，当$\sigma =$ 15 时 DPDN 比 FFDNet 获得的平均 PSNR 高 0.26dB。由 3.4.2 节可知，本章主要通过以下两个方面来保证实验的公平性：在模型训练上，本章采用与 DnCNN 和 FFDNet 等经典深度学习去噪方法相同的初始参数来训练 DPDN 模型；在去噪方法的选择与实验设置上，本章采用 DnCNN、FFDNet 和 IRCNN 等主流去噪方法作为对比方法。此外，DnCNN、FFDNet 和 IRCNN 等对比方法都采用原作者给出的模型，并与 DPDN 在相同的主机、相同的公开数据集及相同的噪声级别下测试去噪性能。因此，本章提出的 DPDN 和 FFDNet 等对比方法在不同的公开数据集上获得的去噪结果具有较高的可信度。综上所述，本章提出的 DPDN 对灰度高斯噪声图像去噪非常有效。

表 3-5　当σ 为 15、25、50 时不同方法在 BSD68 数据集上的平均 PSNR

σ	PSNR（dB）									
	BM3D	WNNM	EPLL	MLP	CSF	TNRD	DnCNN	IRCNN	FFDNet	DPDN
σ=15	31.07	31.37	31.21	—	31.24	31.42	31.72	31.63	31.62	31.79
σ=25	28.57	28.83	28.68	28.96	28.74	28.92	29.23	29.15	29.19	29.29
σ=50	25.62	25.87	25.67	26.03	—	25.97	26.23	26.19	26.30	26.36

表 3-6 当σ 为 15、25、50 时不同方法在 12 幅广泛使用的图像上的 PSNR

方法	噪声级别	PSNR（dB）												
		摄影师	房子	辣椒	海星	蝴蝶	飞机	鹦鹉	贝利	芭芭拉	船	男人	两人	平均值
BM3D	σ=15	31.91	34.93	32.69	31.14	31.85	31.07	31.37	34.26	33.10	32.13	31.92	32.10	32.37
WNNM		32.17	35.13	32.99	31.82	32.71	31.39	31.62	34.27	33.60	32.27	32.11	32.17	32.70
EPLL		31.85	34.17	32.64	31.13	32.10	31.19	31.42	33.92	31.38	31.93	32.00	31.93	32.14
CSF		31.95	34.39	32.85	31.55	32.33	31.33	31.37	34.06	31.92	32.01	32.08	31.98	32.32
TNRD		32.19	34.53	33.04	31.75	32.56	31.46	31.63	34.24	32.13	32.14	32.23	32.11	32.50
DnCNN		32.61	34.97	33.30	32.20	33.09	31.70	31.83	34.62	32.64	32.42	32.46	32.47	32.86
IRCNN		32.55	34.89	33.31	32.02	32.82	31.70	31.84	34.53	32.43	32.34	32.40	32.40	32.77
FFDNet		32.43	35.07	33.25	31.99	32.66	31.57	31.81	34.62	32.54	32.38	32.41	32.46	32.77
DPDN		32.80	35.27	33.47	32.24	33.35	31.85	32.00	34.75	32.93	32.55	32.50	32.62	33.03
BM3D	σ=25	29.45	32.85	30.16	28.56	29.25	28.42	28.93	32.07	30.71	29.90	29.61	29.71	29.97
WNNM		29.64	33.22	30.42	29.03	29.84	28.69	29.15	32.24	31.24	30.03	29.76	29.82	30.26
EPLL		29.26	32.17	30.17	28.51	29.39	28.61	28.95	31.73	28.61	29.74	29.66	29.53	29.69
MLP		29.61	32.56	30.30	28.82	29.61	28.82	29.25	32.25	29.54	29.97	29.88	29.73	30.03
CSF		29.48	32.39	30.32	28.80	29.62	28.72	28.90	31.79	29.03	29.76	29.71	29.53	29.84
TNRD		29.72	32.53	30.57	29.02	29.85	28.88	29.18	32.00	29.41	29.91	29.87	29.71	30.06
DnCNN		30.18	33.06	30.87	29.41	30.28	29.13	29.43	32.44	30.00	30.21	30.10	30.12	30.43
IRCNN		30.08	33.06	30.88	29.27	30.09	29.12	29.47	32.43	29.92	30.17	30.04	30.08	30.38
FFDNet		30.10	33.28	30.93	29.32	30.08	29.04	29.44	32.57	30.01	30.25	30.11	30.20	30.44
DPDN		31.39	33.41	31.04	29.46	30.50	29.20	29.55	32.65	30.34	30.33	30.14	30.28	30.61
BM3D	σ=50	26.13	29.69	26.68	25.04	25.82	25.10	25.90	29.05	27.22	26.78	26.81	26.46	26.72
WNNM		26.45	30.33	26.95	25.44	26.32	25.42	26.14	29.25	27.79	26.97	26.94	26.64	27.05
EPLL		26.10	29.12	26.80	25.12	25.94	25.31	25.95	28.68	24.83	26.74	26.79	26.30	26.47
MLP		26.37	29.64	26.68	25.43	26.26	25.56	26.12	29.32	25.24	27.03	27.06	26.67	26.78
TNRD		26.62	29.48	27.10	25.42	26.31	25.59	26.16	28.93	25.70	26.94	26.98	26.50	26.81
DnCNN		27.03	30.00	27.32	25.70	26.78	25.87	26.48	29.39	26.22	27.20	27.24	26.90	27.18
IRCNN		26.88	29.96	27.33	25.57	26.61	25.89	26.55	29.40	26.24	27.17	27.17	26.88	27.14
FFDNet		27.05	30.37	27.54	25.75	26.81	25.89	26.57	29.66	26.45	27.33	27.29	27.08	27.32
DPDN		27.44	30.53	27.67	25.77	26.97	25.93	26.66	29.73	26.85	27.38	27.27	27.17	27.45

为了更全面地测试 DPDN 的去噪性能，本节利用复原图像的观察区来展示其去噪的可视化效果。观察区越清晰则对应的去噪方法越有效。当σ=25 时不同方法对 BSD68 数据集中房子图像的去噪效果如图 3-7 所示，可知 DPDN 在 BSD68 数

据集上比其他方法获得了更清晰的观察区，DPDN 能获得更清晰的图像。这些可视化图像验证了本章提出的 DPDN 对灰度高斯噪声图像去噪更有效。

（a）原始图像　（b）噪声图像/20.30dB　（c）WNNM/29.75dB

（d）EPLL/29.59dB　（e）TNRD/29.76dB　（f）BM3D/29.53dB

（g）DnCNN/30.16dB　（h）IRCNN/30.07dB　（i）DPDN/30.27dB

图 3-7　当σ=25 时不同方法对 BSD68 数据集中房子图像的去噪效果

本节利用 6 个不同的噪声级别（σ=15、25、35、50、60 和 75）测试彩色高斯噪声图像的去噪模型。同时，本节选择一些经典的去噪方法（如 CBM3D、

FFDNet、DnCNN 和 IRCNN）作为对比方法，在公开数据集 CBSD68、Kodak24 和 McMaster 上进行实验，以测试 DPDN 的彩色高斯噪声图像去噪效果。这些去噪效果分别以定量和定性分析的形式展示。在定量分析上，当σ 为 15、25、35、50、75 时不同方法在 CBSD68、Kodak24 和 McMaster 数据集上的平均 PSNR 如表 3-7 所示，DPDN 在不同数据集和噪声级别下都获得了最好的去噪结果，这说明它对低级别和高级别的噪声图像都具有良好的鲁棒性。例如，对于高频噪声级（σ =75），DPDN 在 Kodak24 数据集上比 FFDNet 获得的 PSNR 高 0.24dB。对于低频噪声级（σ =15），DPDN 在 McMaster 数据集上比 IRCNN 获得的 PSNR 高 0.50dB。

在定性分析上，当σ=35 和σ=60 时不同方法对 Kodak24 数据集中一幅彩色图像去噪的可视化效果分别如图 3-8 和图 3-9 所示，本章提出的 DPDN 获得了比其他方法更干净的去噪图像，这说明 DPDN 对彩色高斯噪声图像去噪非常有效。

表 3-7 当σ 为 15、25、35、50 和 75 时不同方法在 CBSD68、Kodak24 和 McMaster 数据集上的平均 PSNR

数据集	方法	PSNR（dB）				
		σ=15	σ=25	σ=35	σ=50	σ=75
CBSD68	CBM3D	33.52	30.71	28.89	27.38	25.74
	FFDNet	33.80	31.18	29.57	27.96	26.24
	DnCNN	33.98	31.31	29.65	28.01	—
	IRCNN	33.86	31.16	29.50	27.86	—
	DPDN	34.10	31.43	29.77	28.16	26.43
Kodak24	CBM3D	34.28	31.68	29.90	28.46	26.82
	FFDNet	34.55	32.11	30.56	28.99	27.25
	DnCNN	34.73	32.23	30.64	29.02	—
	IRCNN	34.56	32.03	30.43	28.81	—
	DPDN	34.88	32.41	30.80	29.22	27.49
McMaster	CBM3D	34.06	31.66	29.92	28.51	26.79
	FFDNet	34.47	32.25	30.76	29.14	27.29
	DnCNN	34.80	32.47	30.91	29.21	—
	IRCNN	34.58	32.18	30.59	28.91	—
	DPDN	35.08	32.75	31.15	29.52	27.72

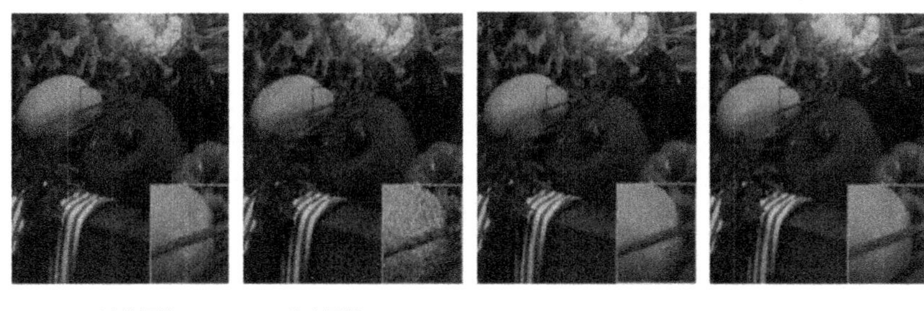

（a）原始图像　（b）噪声图像/18.62dB　（c）FFDNet/31.94dB　（d）DPDN/32.25dB

图 3-8　当σ=35 时不同方法对 McMaster 数据集中一幅彩色图像去噪的可视化效果

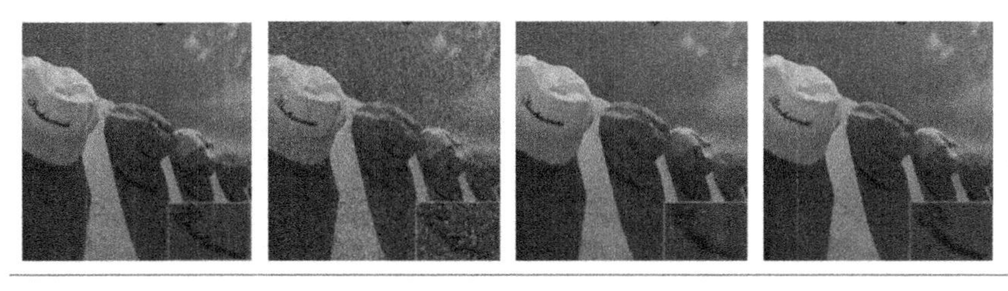

（a）原始图像　（b）噪声图像/13.45dB　（c）FFDNet/31.49dB　（d）DPDN/31.85dB

图 3-9　当σ=60 时不同方法对 Kodak24 数据集中一幅彩色图像去噪的可视化效果

最后，根据对灰度高斯噪声图像的分析及对彩色高斯噪声图像的定量和定性分析可知，本章提出的 DPDN 与经典的其他方法相比，在灰度高斯噪声图像和彩色高斯噪声图像的去噪上都获得了更高的去噪性能。

3.4.4　真实噪声图像去噪

为了测试 DPDN 对更复杂的随机噪声图像（如真实噪声图像）的去噪性能，本节利用 CBM3D、MLP、TNRD、DnCNN、CSF、NC（Noise Clinic）和 WNNM 设计对比实验。不同方法在真实噪声图像上的 PSNR 如表 3-8 所示，DPDN 方法在真实噪声图像上获得的 PSNR 分别比 TNRD、WNNM 和 DnCNN 高 0.12dB、0.96dB 和 2.87dB。因此，由这些实验结果可知，DPDN 更适用于复杂的随机噪声图像去噪。

表 3-8　不同方法在真实噪声图像上的 PSNR

相机设置	PSNR（dB）							
	CBM3D	MLP	TNRD	DnCNN	CSF	NC	WNNM	DPDN
Canon 5D ISO=3200	39.76	39.00	39.51	37.26	35.68	38.76	37.51	37.63
	36.40	36.34	36.47	34.13	34.03	35.69	33.86	37.28
	36.37	36.33	36.45	34.09	32.63	35.54	31.43	37.75
Nikon D600 ISO=3200	34.18	34.70	34.79	33.62	31.78	35.57	33.46	34.55
	35.07	36.20	36.37	34.48	35.16	36.70	36.09	35.99
	37.13	39.33	39.49	35.41	39.98	39.28	39.86	38.62
Nikon D800 ISO=1600	36.81	37.95	38.11	35.79	34.84	38.01	36.35	39.22
	37.76	40.23	40.52	36.08	38.42	39.05	39.99	39.67
	37.51	37.94	38.17	35.48	35.79	38.20	37.15	39.04
Nikon D800 ISO=3200	35.05	37.55	37.69	34.08	38.36	38.07	38.60	38.28
	34.07	35.91	35.90	33.70	35.53	35.72	36.04	37.18
	34.42	38.15	38.21	33.31	40.05	36.76	39.73	38.85
Nikon D800 ISO=6400	31.13	32.69	32.81	29.83	34.08	33.49	33.29	32.75
	31.22	32.33	32.33	30.55	32.13	32.79	31.16	33.24
	30.97	32.29	32.29	30.09	31.52	32.86	31.98	32.89
平均值	35.19	36.46	36.61	33.86	35.33	36.43	35.77	36.73

3.4.5　去噪网络的复杂度及运行时间

在底层视觉领域，测试速度是比训练速度重要的指标。因此，测试 DPDN 和一些经典的去噪方法（如 BM3D、WNNM、EPLL、MLP、CSF 和 DnCNN ）将噪声级别为 25、不同大小（256×256、512×512 和 1024×1024）的灰度噪声图像恢复为干净图像所花费的时间。不同方法在大小为 256×256、512×512 和 1024×1024 的噪声图像上的去噪时间如表 3-9 所示。由表 3-9 可知，与 DnCNN 相比，DPDN 对图像去噪非常有效。由于传统的去噪方法（如 BM3D、WNNM 和 EPLL 等）无法用 GPU 版本测试时间，所以这里给出它们运行在 CPU 上的测试时间。综上所述，可知 DPDN 具有较高的 PSNR 和去噪效率。包含 BRN 技术的 DPDN 也非常适用于在低配置硬件平台上（如 GTX960 和 GTX970）执行图像去噪任务。由于两个子网络的互补性，DPDN 在彩色合成噪声图像和真实噪声图像上与经典的去噪方法（如 DnCNN）相比能获得更好的去噪效果。不同方法的复杂度如表 3-10 所示。最后，DPDN 与包含两个 DnCNN 的网络在去噪性能和复杂度方面是更有优势的，具体如表 3-2 和表 3-10 所示。上述实验结果表明，DPDN 不仅对已知类型噪声图像（高斯噪声和复杂的随机噪声图像，如真实噪声图像）的去噪很有效，还对硬件资源受限情况下数据分布不均匀的噪声图像去噪很有效。

表 3-9　不同方法在大小为 256×256、512×512 和 1024×1024 的噪声图像上的去噪时间

方法	设备	去噪时间（s）		
		256×256	512×512	1024×1024
BM3D	CPU	0.590	2.520	10.770
WNNM	CPU	203.100	773.200	2536.400
EPLL	CPU	25.400	45.500	422.100
MLP	CPU	1.4200	5.510	19.400
TNRD	CPU	0.450	1.330	4.610
CSF	GPU	—	0.920	1.720
DnCNN	GPU	0.036	0.111	0.410
DPDN	GPU	0.062	0.207	0.788

表 3-10　不同方法的复杂度

方法	参数量（个）	FLOPs
DnCNN	0.56M	1.40G
包含两个 DnCNN 的网络	1.11M	2.78G
DPDN	1.11M	2.78G

3.5　本章小结

现有的大部分深度网络通常仅提取单一深度特征，不适用于处理复杂的随机噪声图像的去噪问题。为了提取鲁棒性更强的特征，本章提出了一种基于双路径卷积神经网络的图像去噪方法。与大部分深度网络不同，DPDN 不是通过增大网络深度来提取更准确的特征，而是通过增大网络宽度来提取更互补的宽度特征，以提升去噪性能。此外，大部分去噪网络不能解决硬件资源受限平台上训练过程中样本分布不均匀的图像去噪问题。针对此问题，本章将重归一化技术用到两个子网络中，通过对整个样本进行归一化来解决低配置硬件平台下样本内部变量偏移的问题。为了提取更多的网络深层信息，将空洞卷积仅用在单一子网络中，不仅能捕获更多的上下文信息，还能与获得的宽度特征形成互补，提高去噪性能。此外，将两个残差学习技术分别用到两个子网络中，可以提高获得的干净图像的质量和抑制潜在噪声。大量的实验表明，在对灰度高斯噪声图像和彩色高斯噪声

图像等已知类型的随机噪声图像去噪方面，DPDN 比经典的深度学习去噪方法 DnCNN、IRCNN、FFDNet 和传统的去噪方法 BM3D 更有竞争力。此外，它比经典的 DnCNN 和 BM3D 在复杂的随机噪声图像（真实噪声图像）去噪方面获得了更好的去噪结果。DPDN 对硬件资源受限平台上样本分布不均匀的噪声图像去噪较为有效。最后，本章验证了所提出的 DPDN 获得的去噪时间和去噪网络复杂度是在有效范围内的。

参考文献

[1] KRIZHEVSKY A, SUTSKEVER I, HINTON G E. Imagenet Classification with Deep Convolutional Neural Networks[C]//Advances in Neural Information Processing Systems, 2012:1097-1105.

[2] HE K, ZHANG X, REN S, et al. Spatial Pyramid Pooling in Deep Convolutional Networks for Visual Recognition[J]. IEEE Transactions on Pattern Analysis and Machine Intelligence, 2015, 37(9): 1904-1916.

[3] HE K, ZHANG X, REN S, et al. Delving Deep Into Rectifiers: Surpassing Human-level Performance on Imagenet Classification[C]//Proceedings of the IEEE International Conference on Computer Vision, 2015: 1026-1034.

[4] KINGMA D P, BA J. Adam: A Method for Stochastic Optimization[J]. Computer Science, 2014.

[5] IOFFE S, SZEGEDY C. Batch Normalization: Accelerating Deep Network Training by Reducing Internal Covariate Shift[J]. JMLR. org, 2015.

[6] IOFFE S. Batch Renormalization: Towards Reducing Minibatch Dependence in Batch-normalized Models[C]//Advances in Neural Information Processing Systems, 2017: 1945-1953.

[7] YU F, KOLTUN V. Multi-scale Context Aggregation by Dilated Convolutions[J]. ICLR, 2016.

[8] WANG T, SUN M, HU K. Dilated Deep Residual Network for Image Denoising[C]//2017 IEEE 29th International Conference on Tools with Artificial Intelligence(ICTAI), 2017: 1272-1279.

[9] HE K, ZHANG X, REN S, et al. Deep Residual Learning for Image

Recognition[C]//Proceedings of the IEEE Conference on Computer Vision and Pattern Recognition, 2016: 770-778.

[10] KOKKINOS F, LEFKIMMIATIS S. Iterative Residual Network for Deep Joint Image Demosaicking and Denoising[J]. arXiv preprint arXiv:1807.06403,2018.

[11] ZHANG Y, TIAN Y, KONG Y, et al. Residual Dense Network for Image Superresolution[C]//Proceedings of the IEEE Conference on Computer Vision and Pattern Recognition, 2018:2472-2481.

[12] OSHER S, BURGER M, GOLDFARB D, et al. An Iterative Regularization Method for Total Variation-based Image Restoration[J]. Multiscale Modeling & Simulation, 2005, 4(2): 460-489.

[13] ZHANG K, ZUO W, ZHANG L. FFDNet: Toward a Fast and Flexible Solution for CNN-Based Image Denoising[J]. IEEE Transactions on Image Processing, 2018, 27(9): 4608-4622.

[14] ZHANG K, ZUO W, GU S, et al. Learning Deep CNN Denoiser Prior for Image Restoration[C]//Proceedings of the IEEE Conference on Computer Vision and Pattern Recognition, 2017:3929-3938.

[15] SZEGEDY C, LIU W, JIA Y, et al. Going Deeper with Convolutions[C]// Proceedings of the IEEE Conference on Computer Vision and Pattern Recognition, 2015:1-9.

[16] ZORAN D, WEISS Y. From Learning Models of Natural Image Patches to W-hole Image Restoration[C]//2011 International Conference on Computer Vision, 2011: 479-486.

[17] DABOV K, FOI A, KATKOVNIK V, et al. Image Denoising by Sparse 3-d Transformdomain Collaborative Filtering[J]. IEEE Transactions on Image Processing, 2007,16(8):2080-2095.

[18] GU S, ZHANG L, ZUO W, et al. Weighted Nuclear Norm Minimization with Application to Image Denoising[C]//Proceedings of the IEEE Conference on Computer Vision and Pattern Recognition, 2014:2862-2869.

[19] BURGER H C, SCHULER C J, HARMELING S. Image Denoising: Can Plain Neural Networks Compete with Bm2d[C]//2012 IEEE Conference on Computer Vision and Pattern Recognition, 2012:2392-2399.

[20] CHEN Y, POCK T. Trainable Nonlinear Reaction Diffusion: A Flexible Framework

for Fast and Effective Image Restoration[J]. IEEE Transactions on Pattern Analysis and Machine Intelligence, 2016, 39(6):1256-1272.

[21] SCHMIDT S, ROTH S. Shrinkage Fields for Effective Image Restora-tion[C]//Proceedings of the IEEE Conference on Computer Vision and Pattern Recognition, 2014:2774-2781.

[22] NAM S, HWANG Y, MATSUSHITA Y, et al. A Holistic Approach to Cross-Channel Image Noise Modeling and Its Application to Image Denoising[C]//Proceedings of the IEEE Conference on Computer Vision and Pattern Recognition, 2016:1683-1691.

[23] XU J, LI H, LIANG Z, et al. Real-World Noisy Image Denoising: A New Benchmark[J]. arXiv preprint arXiv:1804.02603, 2018.

[24] ROTH S, BLACK M J. Fields of Experts[J]. International Journal of Computer Vision, 2009, 82(2):205.

[25] FRANZEN R. Kodak Lossless True Color Image Suite: PhotoCD PCD0992[J]. Source, 1999,4(2).

[26] ZHANG L, WU X, BUADES A, et al. Color Demosaicking by Local Directional Interpolation and Nonlocal Adaptive Thresholding[J]. Journal of Electronic Imaging, 2011, 20(2):023016.

[27] CHOLLETF, et al. Keras: Deep Learning Library for Theano and Tensorflow[J]. URL, 2015, 7(8).

[28] LEBRU N M, COLOM M, MOREL J M. The Noise Clinic: A Blind Image Denoising Algorithm[J]. Image Processing On Line, 2015, 5:1-54.

第 4 章

基于注意力引导去噪卷积神经网络的图像去噪方法

4.1 引言

深度卷积神经网络由于具有灵活的网络结构，已被广泛应用于计算机视觉领域。同时，学者们通常通过设计非常深的网络结构来提高完成底层视觉任务的性能。但随着网络深度的增加，网络浅层对深层的作用会变弱，导致网络性能下降，这被称为长期依赖问题。此外，在真实的世界中，相机拍摄过程容易受复杂的环境、天气、相机硬件和人为因素的影响，如相机抖动使收集到的图片受到噪声的干扰，同时复杂背景极易隐藏潜在噪声，也给图像去噪技术带来了很大挑战。

针对这些问题，本章提出一种基于注意力引导去噪卷积神经网络（Attention-Guided Denoising Convolutional Neural Network，ADNet）的图像去噪方法。该方法主要通过注意力机制中的当前状态引导之前的状态，从复杂背景的噪声图像中提取显著性特征（噪声），并移除噪声以获得干净图像。考虑到网络的复杂度和属性，根据传统的稀疏方法的属性，利用空洞卷积和标准卷积在 CNN 中实现一种稀疏机制，以提高去噪性能和效率；此外，考虑到深度网络容易发生长期依赖问题，本章根据信号传递的思想，利用一个长路径融合全局和局部特征，增强网络浅层对深层的作用；最后，考虑到复杂背景中噪声不明显的问题，利用注意力机制从复杂背景中提取显著性噪声信息，并利用残差学习技术移除噪声。实验表明，ADNet 在对已知类型的噪声图像（高斯噪声图像和真实噪声图像）去噪和未知类型的噪声图像去噪（盲去噪）的定量分析和定性分析方面都获得了良好的去噪性能。

4.2 注意力方法介绍

提取和选择合适的特征对图像处理应用是非常重要的。然而，提取复杂背景图像的有效特征非常具有挑战性。为了解决这个问题，人们提出了注意力方法。它一般可分为两类：不同子网络的注意力方法和相同网络不同分支的注意力方法。第一类方法从网络的不同角度提取显著性特征，非常适用于处理复杂背景图像的视觉问题。例如，Zhu 等通过不同的子网络提取显著性特征，处理视频追踪问题。第二类方法通过相同网络不同分支引导之前的状态，以提取更精准的特征。例如，Wang 等利用高阶统计方法指导网络结构的设计，并用当前阶段为之前的阶段提供互补信息，提高目标检测的性能和效率。虽然上述两类方法都能快速找到目标，但第一类方法涉及多个子网络，可能会提高训练模型的计算复杂度。此外，关于注意力机制在图像去噪上的应用研究较少，尤其是对于真实噪声图像去噪和盲去噪任务。考虑到这些因素，本章将第二类方法用到所设计的 CNN 中，以解决噪声图像的去噪问题。

4.3 面向图像去噪的注意力引导去噪卷积神经网络

本章利用经典的图像退化模型 $y=x+v$ 来构建图像去噪模型。其中，y 代表噪声图像。当 v 是高斯白噪声时，v 代表带有标准差 δ 的高斯白噪声。当训练盲噪声去噪模型时，δ 的变化范围为 0～55。本章利用退化模型分析噪声任务的属性，构建 CNN；随后，通过 CNN 来预测高斯白噪声和真实噪声，以训练 ADNet 模型。更多的信息如下。

本节主要介绍所提出的去噪网络 ADNet 的组成部分和工作原理。ADNet 由稀疏块（Sparse Block，SB）、特征增强块（Feature Enhancement Block，FEB）、注意力块（Attention Block，AB）和重构块（Reconstruction Block，RB）组成。考虑到大部分去噪网络都忽视复杂背景对图像去噪的影响，本章利用注意力机制从复杂背景中提取显著性噪声信息，对已知类型噪声图像和复杂的未知类型噪声图像去噪非常有效。此外，大部分网络都通过大幅增加网络深度来提高去噪性能。但这会大幅提高网络的复杂度，降低去噪效率，不适合应用在相机或手机上。对此，本章根据已有的稀疏方法的属性，利用空洞卷积和标准卷积在 CNN 中实现一种稀疏机制，以提高去噪性能和效率。考虑到深度网络会产生长期依赖问题，根据信号传递的思想，在 FEB 中采用长路径集成全局和局部特征，增强网络浅层对深度的作用。最后，AB 通过当前状态引导之前的状态，从复杂背景中提取显著性噪声信息，并通过 RB 移除噪声，获得干净图像。这些技术的更多信息会在后续内容中进行详细介绍和说明。

4.3.1　网络结构

面向图像去噪的注意力引导去噪卷积神经网络结构如图 4-1 所示，所提出的 17 层 ADNet 包括 4 个块：SB、FEB、AB 和 RB。其中，12 层的稀疏块 SB 能提高图像去噪的性能和效率。假设 I_N 和 I_R 分别表示 ADNet 的输入图像和预测残差图像（又称噪声映射图像）。SB 的输出可以表示为

$$O_{SB} = f_{SB}(I_N) \tag{4-1}$$

式中，f_{SB} 表示 SB 的函数；O_{SB} 表示 SB 的输出并作为 FEB 的输入。4 层的 FEB 能充分利用 ADNet 中的全局和局部特征，提高去噪网络的表达能力。全局特征是输入的噪声图像 I_N 和局部特征为 SB 的输出 O_{SB}。FEB 的输出可以表示为

$$O_{FEB} = f_{FEB}(I_N, O_{SB}) \tag{4-2}$$

式中，f_{FEB} 和 O_{FEB} 分别表示 FEB 的函数和输出。同时，O_{FEB} 也是 AB 的输入。图像或视频的复杂背景更容易隐藏关键特征，增大了训练过程中提取关键特征的难度。为了克服这个难题，1 层的 AB 用来预测腐蚀图像中的噪声。AB 的输出可以表示为

$$I_R = f_{AB}(O_{FEB}) \tag{4-3}$$

式中，f_{AB} 和 I_R 分别表示 AB 的函数和输出。I_R 用作 RB 的输入。RB 能通过残差学习技术来重构干净图像。这个过程可以表示为

$$\begin{aligned} I_{LC} &= I_N - I_R \\ &= I_N - f_{AB}\{f_{FEB}[I_N, f_{SB}(I_N)]\} \\ &= I_N - f_{ADNet}(I_N) \end{aligned} \tag{4-4}$$

式中，f_{ADNet} 是 ADNet 的函数，用来预测残差图像。I_{LC} 是潜在的干净图像。此外，ADNet 能应用损失函数来优化其训练过程，具体过程见 4.3.2 节。

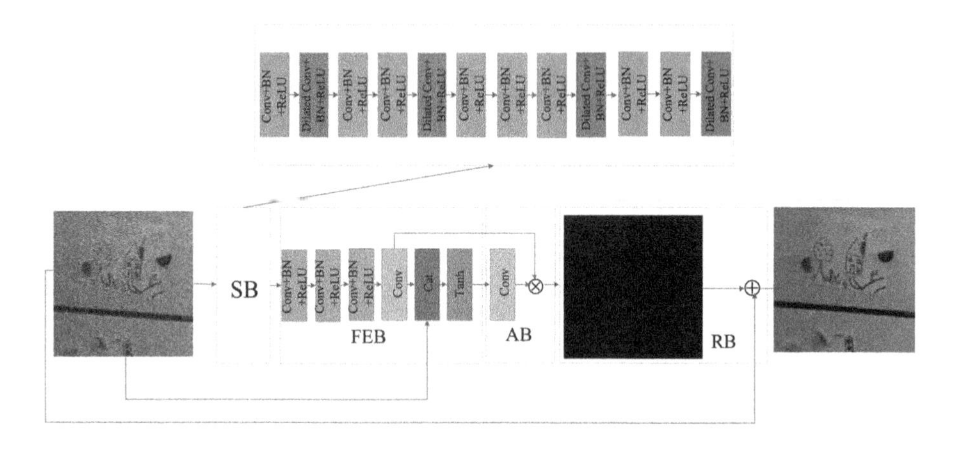

图 4-1　面向图像去噪的注意力引导去噪卷积神经网络结构

4.3.2　损失函数

ADNet 模型能通过退化模型 $y=x+v$ 训练得到。这说明 ADNet 能通过噪声图像 y 和已知的高清图像 x 来预测噪声 v。因此，给定 $\{I_{\mathrm{C}}^{i}, I_{\mathrm{NO}}^{i}\}_{i=1}^{N}$ 和均方误差能训练去噪模型。I_{C}^{i} 和 I_{NO}^{i} 分别表示第 i 幅给定的干净图像和噪声图像。N 代表噪声图像的总数。以上过程能表示为

$$l(\theta)=\frac{1}{2N}\sum_{i=1}^{N}\| f_{\mathrm{ADNet}}(I_{\mathrm{NO}}^{i})-(I_{\mathrm{NO}}^{i}-I_{\mathrm{C}}^{i})\|^{2} \tag{4-5}$$

式中，θ 代表训练去噪模型的参数。

4.3.3　稀疏机制和特征增强机制

在感知理论中，压缩信号是稀疏的，而自然图像信号一般属于压缩信号。故稀疏性对图像应用非常有效。此外，稀疏性能提高图像去噪的效率与性能。因此，具有稀疏性的 CNN 能提高去噪性能和效率。本章利用空洞卷积和标准卷积实现的 12 层稀疏块 SB 不同于常规稀疏机制。它包括两个类型层：Dilated Conv+BN+ReLU 和 Conv+BN+ReLU。Dilated Conv+BN+ReLU 表示空洞因子为 2 的空洞卷积、BN 和激活函数 ReLU 依次相连。Conv+BN+ReLU 表示卷积、BN 和 ReLU 相连。此外，Dilated Conv+BN+ReLU 设置在 ADNet 的第 2 层、第 5 层、第 9 层和第 12 层。Conv+BN+ReLU 设置在 ADNet 的第 1 层、第 3 层、第 4 层、

第 6 层、第 7 层、第 8 层、第 10 层和第 11 层。第 1～12 层卷积的过滤器大小为 3×3。第 1 层的输入通道数为 c。如果输入图像是彩色图像，c 为 3；否则，c 为 1。第 2～12 层的输入和输出通道数都是 64。由于空洞卷积能映射更多的上下文信息，本章将有空洞卷积的第 2 层、第 5 层、第 9 层和第 12 层视为高能量点，将其他层视为低能量点。这几个高能量点和一些低能量点的结合具有稀疏机制。此外，稀疏块能以更少的高能量点捕获更多有效信息，不仅能提高去噪的性能和训练效率，还能降低网络的复杂度。它的有效性分析展示在 4.4.2 节中。最后，本节定义一些项来表示稀疏块：D 表示空洞卷积的函数、C 表示卷积的函数、R 和 B 分别表示 ReLU 和 BN 的函数；DBR 表示 Dilated Conv+BN+ReLU 的函数；CBR 表示 Conv+BN+ReLU 的函数。CDBR 代表 CBR 与 DBR 依次相连，2CBR 代表两个 CBR 依次相连。稀疏块的输出可以表示为

$$Q_{\mathrm{SB}} = \mathrm{CDBR}(\mathrm{CBR}(\mathrm{CDBR}(2\mathrm{CBR}(\mathrm{CDBR}(\mathrm{CBR}(\mathrm{CDBR}(I_{\mathrm{N}}))))))) \tag{4-6}$$

随着深度的增加，CNN 网络浅层对深层的影响会减弱。而信号传递思想能通过浅层信号直接传给深层信号来解决这个问题。本节通过特征增强块 FEB 达到信号传递的目的，并加强网络浅层对深层的作用，信号传递示意图如图 4-2 所示，这里的信号 1 和信号 3 叠加，增强当前的信号 3 强度。具体地，特征增强块 FEB 通过长路径融合全局和局部特征，使得 FEB 在遏制噪声上与 SB 形成互补。4 层的 FEB 包括 3 个类型层：Conv+BN+ReLU、Conv 和激活函数 Tanh。Conv+BN+ReLU 用在 ADNet 的第 13～15 层上，其过滤器大小为 3×3，输入和输出通道数均为 64。单一的 Conv 用在 ADNet 的第 16 层上，其过滤器大小为 3×3、输入通道数为 64，输出通道数为 c。随后，利用连接操作来融合输入噪声图像和第 16 层的输出，以进一步提高去噪模型的表达能力。因此，FEB 的输出大小为 64×3×3×2c。最后，Tanh 能把获得的线性特征转化为非线性特征。上述过程能解释为

$$Q_{\mathrm{FEB}} = T(\mathrm{Cat}(C(\mathrm{CBR}(\mathrm{CBR}(\mathrm{CBR}(O_{\mathrm{SB}})))), I_{\mathrm{N}})) \tag{4-7}$$

式中，C、Cat 和 T 分别表示卷积、连接操作和 Tanh 的函数。Cat 也表示图 4-1 中连接操作的函数，FEB 的输出 Q_{FEB} 也作为 AB 的输入。

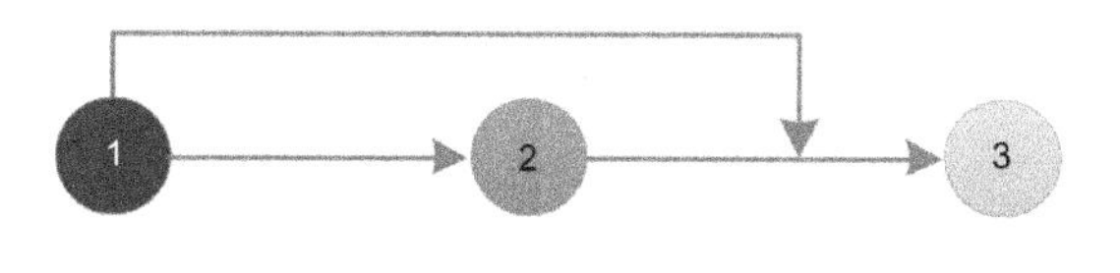

图 4-2　信号传递示意图

4.3.4 注意力机制和重构机制

复杂背景更容易隐藏图像和视频应用中的重要特征，会增大网络训练的难度。注意力方法能通过当前状态引导之前的状态，从复杂背景图像中提取显著性特征，从而解决这个问题。因此，本章将注意力思想用到 CNN 中来提取复杂背景中的噪声。该模块对已知类型噪声图像（真实噪声图像）和未知类型噪声图像去噪（盲去噪）非常有效。具体地，这里设计的 1 层注意力块 AB 仅包括 1 个卷积层，它的过滤器大小为 1×1、输入通道数为 $2c$，输出通道数为 c。AB 能通过两步来实现：第一步在第 17 层中利用 1×1 的卷积把获得的多通道特征压缩成对应不同通道的向量，并将其作为权值来调节之前的状态，以有效提高去噪效率，其实现过程可写为

$$O_t = C_1(O_{\text{FEB}}) \tag{4-8}$$

式中，C_1 表示 1×1 的卷积；O_t 是 ADNet 中第 17 层卷积的输出，作为权值。

第二步利用获得的权值乘以第 16 层的输出，以提取更多的显著性特征，具体过程表示为

$$I_{\text{R}} = O_t O_{\text{FEB}} \tag{4-9}$$

此外，⊗在图 4-1 中表示乘法操作。以上注意力机制通过当前状态引导之前的状态，以实现从复杂背景中提取噪声信息，注意力机制的示意图如图 4-3 所示。

如式（4-5）所示，ADNet 能用来预测残差图像。因此，残差学习技术在重构块 RB 中能用来重构潜在的干净图像。这个过程能解释为式（4-4）。

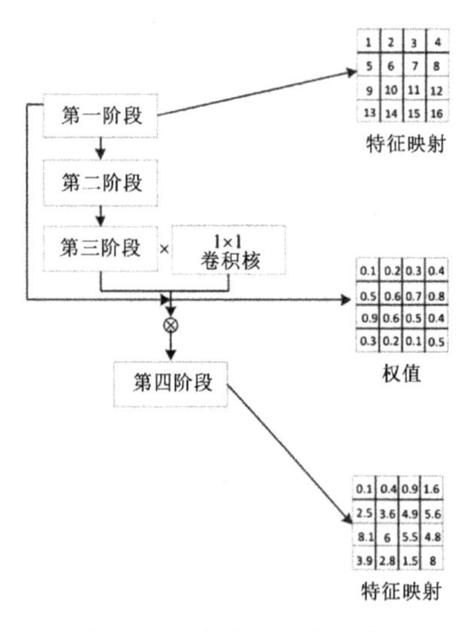

图 4-3 注意力机制的示意图

4.4　实验与分析

4.4.1　实验设置

训练集：本章提出的方法使用伯克利分段数据集（Berkeley Segmentation Dataset，BSD）中的 400 幅 180×180 的图像和滑铁卢大学收集的数据集中的前 3,859 幅图像共同作为训练集来训练高斯合成去噪模型。首先，一幅图像的不同区域包含不同的详细信息。因此，训练的噪声图像能分成 1,348,480 个 50×50 的图像块，这些块对提取鲁棒性强的特征和提高去噪模型的训练效率非常有效。其次，噪声在真实的世界中是变化的和复杂的。因此，本章选择 100 幅香港理工大学的 512×512 真实噪声图像，用来训练真实噪声的去噪模型。这些真实噪声图像是通过 5 台不同的机器（Canon 5D Mark II、Canon 80D、Canon 600D、Nikon D800 和 Sony A7 II）在不同大小的 ISO 值（1,600、3,200 和 6,400）下捕获的。为了加快训练速度，本章将这些真实的噪声图像分成 211,600 个 50×50 的图像块。此外，采用以下 8 种方式旋转图像和随机翻转图像来扩大数据集：原始图像、90° 旋转、180° 旋转、270° 旋转、水平翻转、90° 旋转后水平翻转、180° 旋转后水平翻转、270° 旋转后水平翻转。

本章将 6 个公开数据集（BSD68、Set12、CBSD68、Kodak24、McMaster 和 CC）作为测试集来测试 ADNet 的去噪性能，测试集的更多信息请参考 3.4.1 节。

本章将 1×10^{-3} 的初始学习率、 1×10^{-8} 的 epsilon、0.9 的 beta 1、0.999 的 beta 2 和文献[17]中的参数等作为初始参数来训练去噪模型。同时，epsilon、beta 1 和 beta 2 都是 BN 的参数。Batchsize 和训练的周期数分别设为 128 和 70。学习率在 70 个训练周期中从 1×10^{-3} 变化到 1×10^{-5}。具体地，第 1～30 个周期的学习率为 1×10^{-3}，第 31～60 个周期的学习率为 1×10^{-4}，最后的 10 个周期的学习率为 1×10^{-5}。最后，利用 Adam 优化损失函数。

本章应用 PyTorch 1.01 和 Python 2.7 训练和测试 ADNet 模型。具体地，所有实验都在 Ubuntu 14.04、i7-6700 的 CPU、16GB 的内存和英伟达 GTX 1080Ti GPU 的 PC 上进行。最后，Nvidia CUDA 8.0 和 cuDNN 7.5 用来加快 GPU 的训练速度。

4.4.2 稀疏机制的合理性和有效性验证

由文献[20]可知，稀疏机制一般具有以下属性：较少的高能量点和较多的低能量点；分布不规律的高能量点。因此，稀疏机制可用于在 CNN 中解决图像去噪问题。由于空洞卷积能映射更多的上下文信息，所以将具有空洞卷积的 ADNet 中的第 2 层、第 5 层、第 9 层和第 12 层视为高能量点，将具有标准卷积的其他层视为低能量点。这几个高能量点和一些低能量点满足稀疏的属性，因此它们的结合能看成具有稀疏机制。然而，如何选择这些高能量点和低能量点至关重要。本节重点介绍和说明如何从网络结构设计方面出发来选择这些高能量点和低能量点。

高能量点和低能量点从网络结构设计方面的选取以文献[21]为基础。具体地，随着网络深度的增加，CNN 中浅层对深层的作用会越来越小。如果连续的空洞卷积设计在网络的浅层上，深层将不能完全映射浅层的信息。如果空洞卷积设置在网络第 1 层，第 1 层会填入 0，相应的特征不会参与卷积计算，会降低去噪性能。不同网络在 BSD68 数据集上的 PSNR 如表 4-1 所示，SB with extended layers 比 SHE with extended layers 获得了更高的 PSNR。这里的 SHE 代表连续的高能量点，它由 ADNet 中的第 2 层、第 3 层、第 4 层和第 5 层中空洞因子为 2 的空洞卷积组成。同时，为了使对比网络与 ADNet 保持相同的深度，选取与 ADNet 相同的 3 层 Conv+BN+ReLU 和 2 层卷积作为网络的最后 5 层（又称扩展层）进行对比实验。

网络结构差异越大，其表达能力就越强。因此，没有将间隔相同距离的点作为高能量点。如表 4-1 所示，SB with extended layers 比 EHE with extended layers 的 PSNR 高 0.13dB。其中，EHE 表示间隔相同距离的点，它由 ADNet 中的第 2 层、第 5 层、第 8 层和第 11 层中空洞因子为 2 的空洞卷积组成。由上述分析可知，将包含空洞卷积的第 2 层、第 5 层、第 9 层和第 12 层设为高能量点是合理的。此外，SB 的结构设计也要考虑去噪性能和效率两个方面。

表 4-1 不同网络在 BSD68 数据集上的 PSNR（$\sigma = 25$）

网络	PSNR（dB）
SB with extended layers	29.016
EHE with extended layers	28.886
SHE with extended layers	28.999
ADC with extended layers	28.842
CB	28.891

浅层的 SB 能获得较好的去噪效果。具体地，12 层的 SB 有 33×33 的感受野，使得 SB 能与一个 16 层的网络在图像去噪上达到相同的效果。同时，不规律的高能量点能增大网络结构的差异，这能进一步提高图像去噪性能。

不同方法在 BSD68 数据集上的 PSNR 如表 4-2 所示，ADNet 比 FEB+AB 获得了更高的 PSNR。这里的 FEB+AB 表示不包含 SB 的 ADNet。此外，由表 4-1 可知，SB with extended layers 在图像去噪上的表现优于 Conventional Block (CB)，验证了 SB 在图像去噪上的有效性。其中，CB 指由 15 层的 Conv+BN+ReLU 和 2 层 3×3 卷积组成的网络。

表 4-2　不同方法在 BSD68 数据集上的 PSNR（$\sigma = 25$）

方法	PSNR（dB）
ADNet	29.119
FEB+AB	29.088
FEB	29.045
RL+BN	28.988
RL	20.477

为了提高去噪效率，SB 仅使用 4 个高能量点和 8 个低能量点来缩短每幅噪声图像的去噪时间，该机制与大量高能量点的网络相比是非常有优势的。因为每层的空洞卷积都能通过填补一些东西来捕获更多的上下文信息，导致使用大量高能量点的网络具有极低的效率。不同网络在大小为 256×256、512×512 和 1024×1024 的噪声图像上的去噪时间如表 4-3 所示，SB with extended layers 比 ADC with extended layers 的去噪速度快。这里的 ADC with extended layers 表示 12 层中每层都包含空洞卷积的网络。此外，ADC with extended layers 中 58×58 的感受野大于 50×50 块，导致给定的块不能完全映射 ADC with extended layers，从而降低去噪性能。如表 4-1 所示，本章提出的 SB 比 ADC with extended layers 在图像去噪上更有效。最后，根据网络结构设计、去噪性能和效率等分析可知，提出的 SB 在图像去噪上是合理的和有效的。

表 4-3　不同网络在大小为 256×256、512×512 和 1024×1024 的噪声图像上的去噪时间（$\sigma = 25$）

网络	设备	去噪时间（s）		
		256×256	512×512	1024×1024
SB with extended layers	GPU	0.0461	0.0791	0.2061
ADC with extended layers	GPU	0.0534	0.1036	0.3094

4.4.3 特征增强机制和注意力机制的合理性和有效性验证

深度网络在图像处理上能有效提取精准的特征。然而，随着网络深度的增加，浅层对深层的作用会减弱。为了解决这个问题，Zhang 等通过融合局部和全局特征来提高图像复原的性能。因此，特征增强块 FEB 能通过连接输入噪声图像（视为全局特征）和第 16 层的输出（视为局部特征）来增强浅层对深层的作用。这里的连接操作实际上是一个长路径。因为输入噪声图像包含较强的噪声信息，原始的输入在去噪任务上能给网络深层提供互补信息。如表 4-2 所示，FEB 比 RL+BN 在图像去噪上获得了更高的 PSNR。这里的 RL+BN 表示 RL 和 BN 的组合。此外，ADNet 中第 16 层的输出是 c 个通道的特征图，能进一步提高去噪效率。

暗光等拍摄环境会使相机捕获的图像有明显噪声。因此，从复杂背景的噪声图像中分离出噪声是非常重要的。为了解决此问题，注意力机制通过当前状态来引导之前的状态，提取图像应用中的显著性特征。因此，本章将注意力机制用到 AB 中，从复杂背景中提取潜在噪声，AB 更多的信息在 4.3.4 节中展示。9 幅热力图如图 4-4 所示，图 4-4 中的噪声比图 3-3 中明显。图 4-4 中区域的颜色越深，注意力机制的权值就越大。如表 4-2 所示，FEB+AB 比 FEB 获得了更高的 PSNR。

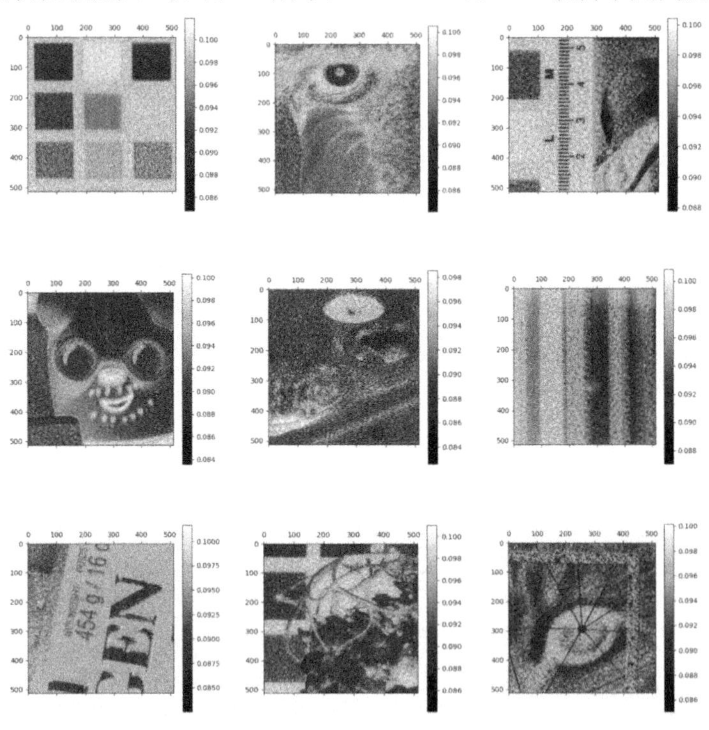

图 4-4　9 幅热力图

这些实验的结果验证了提出的 AB 对复杂噪声图像的去噪有效。此外，AB 中 1×1 的卷积能配合 FEB 中第 16 层的 c 个输出通道来降低去噪模型的复杂度。不同去噪网络的复杂度如表 4-4 所示，ADNet 比 Uncompressed ADNet 在图像去噪上用了更少的参数和 FLOPs。这里的 Uncompressed ADNet 表示第 16 层输出特征图的通道数为 64、第 17 层过滤器大小为 3×3 且其余设置与 ADNet 相同的网络。通过上述关于噪声属性和网络去噪复杂度的分析可知，ADNet 能有效处理图像去噪问题，尤其是复杂的噪声图像。如表 4-2 所示，BN 也能增强 ADNet 在图像去噪上的效果。

表 4-4　不同去噪网络的复杂度

网络	参数量（个）	FLOPs
ADNet	0.52M	1.29G
Uncompressed ADNet	0.56M	1.39G
DnCNN	0.55M	1.39G
RED30	4.13M	10.33G
DPDN	1.11M	2.78G

4.4.4　定量和定性分析

定量和定性分析 ADNet 的图像去噪性能。定量分析通过经典的图像去噪方法，如 BM3D、WNNM、MLP、TNRD、EPLL、CSF、DnCNN、IRCNN、FFDNet、增强 CNN 的去噪网络（Enhanced CNN Denoising Network，ECNDNet）、CBM3D、NC、整齐的图像（Neat Image，NI）、RED30、MemNet、DPDN 和 MWCNN 在不同数据集上的 PSNR、去噪时间和复杂度来测试 ADNet 对已知类型噪声图像（高斯噪声图像和真实噪声图像）和未知类型噪声图像的去噪性能。其中，高斯噪声图像包括灰度高斯噪声图像和彩色高斯噪声图像，它们都具有固定的噪声级别。未知类型的噪声图像具有可变噪声级别（如 0～55）。最后，本节详细介绍和说明定量分析。此外，本章从以下两个方面保证实验的公平性。

第一，本章采用与 DnCNN、IRCNN 和 FFDNet 等经典的深度学习去噪方法相同的初始参数来训练 ADNet 去噪模型。第二，本章用到的 DnCNN、IRCNN 和 FFDNet 等经典的深度学习去噪方法均采用原作者提供的代码模型，同时这些模型在与训练 ADNet 采用的相同主机的相同系统上、相同的公开数据集上及相同的噪声级别下测试去噪性能。以上两个方面使得 ADNet 获得的去噪效果具有可信度，实验结果如下。

在灰度高斯噪声图像去噪上，本节分别在公开数据集 BSD68 和 Set12 上进行实验。当σ为 15、25、50 时不同方法在 BSD68 数据集上获得的平均 PSNR 如表 4-5 所示，所提出的 ADNet 在具有代表性的低频噪声级别（σ= 15）、中频噪声级别（σ=25）和高频噪声级别（σ= 50）时与其他学者提出的经典去噪方法相比获得了更好的去噪性能。同时，ADNet 的盲去噪技术（ADNet for Blind Denoising，ADNet-B）对灰度高斯噪声图像去噪也非常有效。在表 4-5 中，当噪声级别为 50 时，ADNet-B 比经典的去噪方法 DnCNN 获得了更好的去噪性能。如表 4-4 和表 4-5 所示，虽然当噪声级别为 15 和 25 时，ADNet 在 BSD68 数据集上没有获得比 DPDN 更有好的去噪结果，但它具有更低的复杂度。同时，ADNet 能对未知类型噪声图像进行去噪。因此，ADNet 与 DPDN 在图像去噪上相比非常有竞争力。为了验证 ADNet 对不同类别噪声图像的去噪效果，利用 Set12 数据集进行实验。当σ为 15、25、50 时不同方法在 Set12 数据集上获得的 PSNR 如表 4-6 所示，ADNet 在噪声级别为 15、25 和 50 时，比经典的去噪方法 DnCNN、IRCNN 和 FFDNet 获得了更好的去噪效果。同时，ADNet-B 在噪声级别为 25 和 50 时也取得单类噪声图像去噪第二好的结果。由这些实验结果可知，所提出的 ADNet 在固定噪声级别的噪声图像去噪和盲去噪任务上都获得了较好的效果。

表 4-5 当σ为 15、25、50 时不同方法在 BSD68 数据集上获得的平均 PSNR

噪声	PSNR（dB）											
级别	BM3D	WNNM	EPLL	MLP	CSF	TNRD	DnCNN	IRCNN	ECNDNet	DPDN	ADNet	ADNet-B
σ=15	31.07	31.37	31.21	—	31.24	31.42	31.72	31.63	31.71	31.79	31.74	31.56
σ=25	28.57	28.83	28.68	28.96	28.74	28.92	29.23	29.15	29.22	29.29	29.25	29.14
σ=50	25.62	25.87	25.67	26.03	—	25.97	26.23	26.19	26.23	26.29	26.36	26.24

表 4-6 当σ为 15、25、50 时不同方法在 Set12 数据集上获得的 PSNR

方法	噪声	PSNR（dB）												
	级别	摄影师	房子	辣椒	海星	蝴蝶	飞机	鹦鹉	贝利	芭芭拉	船	男人	两人	平均值
BM3D	σ=15	31.91	34.93	32.69	31.14	31.85	31.07	31.37	34.26	33.10	32.13	31.92	32.10	32.37
WNNM		32.17	35.13	32.99	31.82	32.71	31.39	31.62	34.27	33.60	32.27	32.11	32.17	32.70
EPLL		31.85	34.17	32.64	31.13	32.10	31.19	31.42	33.92	31.38	31.93	32.00	31.93	32.14
CSF		31.95	34.39	32.85	31.55	32.33	31.33	31.37	34.06	31.92	32.01	32.08	31.98	32.32
TNRD		32.19	34.53	33.04	31.75	32.56	31.46	31.63	34.24	32.13	32.14	32.23	32.11	32.50
DnCNN		32.61	34.97	33.30	32.20	33.09	31.70	31.83	34.62	32.64	32.42	32.46	32.47	32.86
IRCNN		32.55	34.89	33.31	32.02	32.82	31.70	31.84	34.53	32.43	32.34	32.40	32.40	32.77

续表

方法	噪声级别	PSNR（dB）												
		摄影师	房子	辣椒	海星	蝴蝶	飞机	鹦鹉	贝利	芭芭拉	船	男人	两人	平均值
FFDNet	σ=15	32.43	35.07	33.25	31.99	32.66	31.57	31.81	34.62	32.54	32.38	32.41	32.46	32.77
ECNDNet		32.56	34.97	33.25	32.17	33.11	31.70	31.82	34.52	32.41	32.37	32.39	32.39	32.81
ADNet		32.81	35.22	33.49	32.17	33.17	31.86	31.96	34.71	32.80	32.57	32.47	32.58	32.98
ADNet-B		31.98	35.12	33.34	32.01	33.01	31.63	31.74	34.62	32.55	32.48	32.34	32.43	32.77
BM3D	σ= 25	29.45	32.85	30.16	28.56	29.25	28.42	28.93	32.07	30.71	29.90	29.61	29.71	29.97
WNNM		29.64	33.22	30.42	29.03	29.84	28.69	29.15	32.24	31.24	30.03	29.76	29.82	30.26
EPLL		29.26	32.17	30.17	28.51	29.39	28.61	28.95	31.73	28.61	29.74	29.66	29.53	29.69
MLP		29.61	32.56	30.30	28.82	29.61	28.82	29.25	32.25	29.54	29.97	29.88	29.73	30.03
CSF		29.48	32.39	30.32	28.80	29.62	28.72	28.90	31.79	29.03	29.76	29.71	29.53	29.84
TNRD		29.72	32.53	30.57	29.02	29.85	28.88	29.18	32.00	29.41	29.91	29.87	29.71	30.06
DnCNN		30.18	33.06	30.87	29.41	30.28	29.13	29.43	32.44	30.00	30.21	30.10	30.12	30.43
IRCNN		30.08	33.06	30.88	29.27	30.09	29.12	29.47	32.43	29.92	30.17	30.04	30.08	30.38
FFDNet		30.10	33.28	30.93	29.32	30.08	29.04	29.44	32.57	30.01	30.25	30.11	30.20	30.44
ECNDNet		30.11	33.08	30.85	29.43	30.30	29.07	29.38	32.38	29.84	30.14	30.03	30.03	30.39
ADNet		30.34	33.41	31.14	29.41	30.39	29.17	29.49	32.61	30.25	30.37	30.08	30.24	30.58
ADNet-B		29.94	33.38	30.99	29.22	30.38	29.16	29.41	32.59	30.05	30.28	30.01	30.15	30.46
BM3D	σ= 50	26.13	29.69	26.68	25.04	25.82	25.10	25.90	29.05	27.22	26.78	26.81	26.46	26.72
WNNM		26.45	30.33	26.95	25.44	26.32	25.42	26.14	29.25	27.79	26.97	26.94	26.64	27.05
EPLL		26.10	29.12	26.80	25.12	25.94	25.31	25.95	28.68	24.83	26.74	26.79	26.30	26.47
MLP		26.37	29.64	26.68	25.43	26.26	25.56	26.12	29.32	25.24	27.03	27.06	26.67	26.78
TNRD		26.62	29.48	27.10	25.42	26.31	25.59	26.16	28.93	25.70	26.94	26.98	26.50	26.81
DnCNN		27.03	30.00	27.32	25.70	26.78	25.87	26.48	29.39	26.22	27.20	27.24	26.90	27.18
IRCNN		26.88	29.96	27.33	25.57	26.61	25.89	26.55	29.40	26.24	27.17	27.17	26.88	27.14
FFDNet		27.05	30.37	27.54	25.75	26.81	25.89	26.57	29.66	26.45	27.33	27.29	27.08	27.32
ECNDNet		27.07	30.12	27.30	25.72	26.82	25.79	26.32	29.29	26.26	27.16	27.11	26.84	27.15
ADNet		27.31	30.59	27.69	25.70	26.90	25.88	26.56	29.59	26.64	27.35	27.17	27.07	27.37
ADNet-B		27.22	30.43	27.70	25.63	26.92	26.03	26.56	29.53	26.51	27.22	27.19	27.05	27.33

本节通过比较 CBM3D、FFDNet、IRCNN、ADNet 和 ADNet-B 等方法在 3 个公开数据集（CBSD68、Kodak24 和 McMaster）上处理不同噪声级别（σ= 15、25、35、50 和 75）噪声图像的去噪性能，来验证 ADNet 对彩色高斯噪声图像的去噪效果。当σ 为 15、25、35、50、75 时不同方法在 CBSD68、Kodak24 和 McMaster 数据集上获得的平均 PSNR 如表 4-7 所示，ADNet 能在彩色高斯噪声图像上获得

较好的去噪结果。例如，当$\sigma=75$时，ADNet 在 McMaster 数据集上比 FFDNet 获得的 PSNR 高 0.24dB。当$\sigma=50$时，ADNet-B 在 McMaster 数据集上比 IRCNN 获得的 PSNR 高 0.12dB。由这些实验结果可知，本章提出的 ADNet 对彩色高斯噪声图像去噪和盲去噪任务非常有效。

表 4-7　当σ为 15、25、35、50、75 时不同方法在 CBSD68、Kodak24 和 McMaster 数据集上获得的平均 PSNR

数据集	方法	PSNR（dB）				
		$\sigma=15$	$\sigma=25$	$\sigma=35$	$\sigma=50$	$\sigma=75$
CBSD68	CBM3D	33.52	30.71	28.89	27.38	25.74
	FFDNet	33.80	31.18	29.57	27.96	26.24
	DnCNN	33.98	31.31	29.65	28.01	—
	IRCNN	33.86	31.16	29.50	27.86	—
	ADNet	33.99	31.31	29.66	28.04	26.33
	ADNet-B	33.79	31.12	29.48	27.83	—
Kodak24	CBM3D	34.28	31.68	29.90	28.46	26.82
	FFDNet	34.55	32.11	30.56	28.99	27.25
	DnCNN	34.73	32.23	30.64	29.02	—
	IRCNN	34.56	32.03	30.43	28.81	—
	ADNet	34.76	32.26	30.68	29.10	27.40
	ADNet-B	34.53	32.03	30.44	28.81	—
McMaster	CBM3D	34.06	31.66	29.92	28.51	26.79
	FFDNet	34.47	32.25	30.76	29.14	27.29
	DnCNN	34.80	32.47	30.91	29.21	—
	IRCNN	34.58	32.18	30.59	28.91	—
	ADNet	34.93	32.56	31.00	29.36	27.53
	ADNet-B	34.60	32.28	30.72	29.03	—

为了验证 ADNet 在真实噪声图像上的去噪效果，本节选择 CBM3D、DnCNN、NC 和 NI 方法进行对比，在由 5 种不同的相机在不同的 ISO 值处捕获的真实噪声数据集上测试 ADNet 的去噪性能。不同方法在真实噪声图像上的 PSNR 如表 4-8 所示，ADNet 在真实噪声图像上获得了较好的去噪效果。例如，ADNet 比 DnCNN 在真实数据集 CC 上的 PSNR 高 1.83dB，这也说明了所提出的 ADNet 非常适用于处理复杂的噪声图像去噪问题。

表 4-8　不同方法在真实噪声图像上的 PSNR

相机设置	PSNR（dB）				
	CBM3D	DnCNN	NI	NC	ADNet
Canon 5D ISO=3200	39.76	37.26	35.68	36.20	35.96
	36.40	34.13	34.03	34.35	36.11
	36.37	34.09	32.63	33.10	34.49
Nikon D600 ISO=3200	34.18	33.62	31.78	32.28	33.94
	35.07	34.48	35.16	35.34	34.33
	37.13	35.41	39.98	40.51	38.87
Nikon D800 ISO=1600	36.81	37.95	34.84	35.09	37.61
	37.76	36.08	38.42	38.65	38.24
	37.51	35.48	35.79	35.85	36.89
Nikon D800 ISO=3200	35.05	34.08	38.36	38.56	37.20
	34.07	33.70	35.53	35.76	35.67
	34.42	33.31	40.05	40.59	38.09
Nikon D800 ISO=6400	31.13	29.83	34.08	34.25	32.24
	31.22	30.55	32.13	32.38	32.59
	30.97	30.09	31.52	31.76	33.14
平均值	35.19	33.86	35.33	35.65	35.69

网络复杂度和单幅噪声图像的去噪时间是真实数字设备非常重要的指标。考虑到这个因素，本节选择 12 种去噪方法（BM3D、WNNM、EPLL、MLP、TNRD、CSF、DnCNN、RED30、MemNet、MWCNN、DPDN 和 ADNet）在不同大小的噪声图像（256×256、512×512 和 1024×1024）上，测试它们的去噪时间，如表 4-9 所示。由表 4-4 和表 4-9 可知，虽然 ADNet 仅在单幅噪声图像的去噪时间上获得第二名，但它具有比 DnCNN 和 RED30 低的复杂度。因此，本章提出的 ADNet 在定量分析上对图像去噪非常有效。

表 4-9　12 种去噪方法在大小为 256×256、512×512 和 1024×1024 的噪声图像上的去噪时间

方法	设备	去噪时间（s）		
		256×256	512×512	1024×1024
BM3D	CPU	0.5900	2.5200	10.7700
WNNM	CPU	203.1000	773.2000	2536.4000
EPLL	CPU	25.4000	45.5000	422.1000
MLP	CPU	1.4200	5.5100	19.4000
TNRD	CPU	0.4500	1.3300	4.6100

续表

方法	设备	去噪时间（s）		
		256×256	512×512	1024×1024
CSF	CPU	—	0.9200	1.7200
DnCNN	GPU	0.0344	0.0681	0.1556
RED30	GPU	1.3620	4.7020	15.7700
MemNet	GPU	0.8775	3.6060	14.6900
MWCNN	GPU	0.0586	0.0907	0.3575
DPDN	GPU	0.0620	0.2070	0.7880
ADNet	GPU	0.0467	0.0798	0.2077

为了更直观地观察 ADNet 的去噪效果，本节选取 Set12、Kodak24 和 McMaster 数据集中一些去噪后得到的干净图像来展示不同方法的去噪效果，分别如图 4-5、图 4-6 和图 4-7 所示。放大这些可视化图像的一个区域，将其作为观察区。观察区越清晰，则对应的去噪方法效果越好。图 4-5 展示了不同方法在蔬菜图像（灰度高斯噪声图像）上的可视化去噪效果。图 4-6 和图 4-7 展示了不同方法在彩色高斯噪声图像上的可视化去噪效果。由这些图像可知，本章提出的 ADNet 比经典的去噪方法 DnCNN、ECNDNet 和 CBM3D 获得了更加清晰的干净图像，说明 ADNet 在定性分析上对图像去噪非常有效。最后，由前面的定量和定性分析可知，ADNet 能有效处理图像去噪问题。

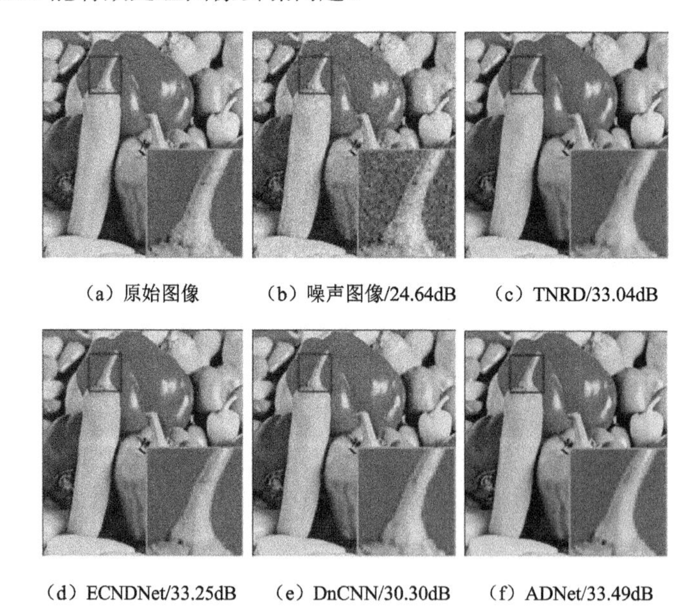

（a）原始图像　（b）噪声图像/24.64dB　（c）TNRD/33.04dB

（d）ECNDNet/33.25dB　（e）DnCNN/30.30dB　（f）ADNet/33.49dB

图 4-5　当$\sigma = 15$时不同方法在 Set12 数据集中的蔬菜图像上的去噪效果

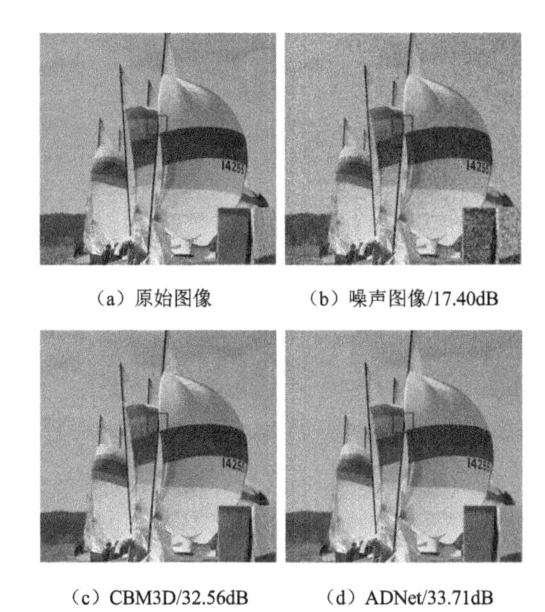

（a）原始图像　　（b）噪声图像/17.40dB

（c）CBM3D/32.56dB　　（d）ADNet/33.71dB

图 4-6　当$\sigma = 35$时不同方法在 Kodak24 数据集中一幅彩色高斯噪声图像上的去噪效果

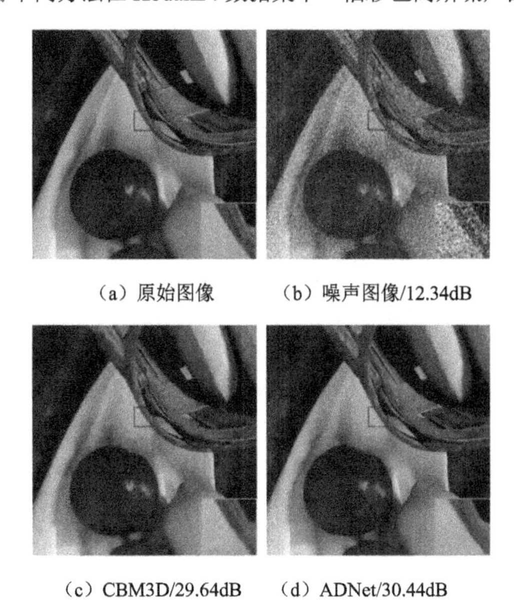

（a）原始图像　　（b）噪声图像/12.34dB

（c）CBM3D/29.64dB　　（d）ADNet/30.44dB

图 4-7　当$\sigma = 75$时不同方法在 McMaster 数据集中的一幅彩色高斯噪声图像上的去噪效果

4.5 本章小结

大部分已有去噪网络都忽视复杂背景中不明显的噪声对图像去噪的影响，导致获得的去噪模型不能有效处理复杂背景的噪声图像（如盲噪声图像）。对此，本章提出了一种基于注意力引导去噪卷积神经网络的图像去噪方法，该方法主要通过注意力机制中的当前状态引导之前的状态，从复杂背景中提取显著性噪声信息，并移除噪声，获得干净图像。现有的大部分网络都通过大幅增加网络深度来提升去噪性能，但这会提高去噪网络的复杂度和增大训练难度。对此，本章根据经典稀疏方法的属性，利用空洞卷积和标准卷积在 CNN 中实现一种具有稀疏性的机制，以提高去噪性能和效率；此外，考虑到深度网络容易出现长期依赖问题，本章根据信号传递思想，利用长路径融合全局和局部特征，增强网络浅层对深层的作用。最后，考虑到复杂背景容易掩盖噪声信息，利用注意力机制从复杂背景中提取显著性噪声信息，并利用残差学习技术移除噪声。大量的实验表明，本章提出的 ADNet 比经典去噪方法 BM3D、WNNM、EPLL 等及经典深度学习去噪方法 DnCNN、IRCNN、ECNDNet 等对已知类型噪声图像（单类高斯噪声图像、多类高斯噪声图像和复杂背景的真实噪声图像）和复杂的未知类型噪声图像去噪有效。此外，所提出的 ADNet 比经典去噪方法 TNRD、BM3D、ECNDNet 和 DnCNN 等获得了更清晰的去噪图像。最后，ADNet 具有更低的复杂度和更快的去噪时间，非常适合应用在相机和手机上。

参考文献

[1] DU B, WEI Q, LIU R. An Improved Quantum-Behaved Particle Swarm Optimization for Endmember Extraction[J]. IEEE Transactions on Geoscience and Remote Sensing, 2019, 57(8):6003-6017.

[2] LI Y, CHEN X, ZHU Z, et al. Attention-Guided Unified Network for Panoptic Segmentation[C]//Proceedings of the IEEE Conference on Computer Vision and Pattern Recognition, 2019:7026-7035.

[3] ZHU Z, WU W, ZOU W, et al. End-to-End Flow Correlation Tracking with Spatialtemporal Attention[C]//Proceedings of the IEEE Conference on Computer Vision and Pattern Recognition, 2018:548-557.

[4] WANG H, WANG Q, GAO M, et al. Multi-Scale Location-Aware Kernel Representation for Object Detection[C]//Proceedings of the IEEE Conference on Computer Vision and Pattern Recognition, 2018:1248-1257.
[5] EPHRAIM Y, MALAH D. Speech Enhancement Using a Minimum-Mean Square Error Short-Time Spectral Amplitude Estimator[J]. IEEE Transactions on Acoustics, Speech, and Signal Processing, 1984, 32(6):1109-1121.
[6] PARVARESH F, VIKALO H, MISRA S, et al. Recovering Sparse Signals Using Sparse Measurement Matrices in Compressed DNA Microarrays[J]. IEEE Journal of Selected Topics in Signal Processing, 2008, 2(3):275-285.
[7] TIAN C, ZHANG Q, SUN G, et al. FFT Consolidated Sparse and Collaborative Representation for Image Classifification[J]. Arabian Journal for Science and Engineering, 2018, 43(2):741-758.
[8] ELAD M, AHARON M. Image Denoising via Sparse and Redundant Representations Over Learned Dictionaries[J]. IEEE Transactions on Image Processing, 2006, 15(12):3736-3745.
[9] IOFFFFE S, SZEGEDY C. Batch Normalization: Accelerating Deep Network Training by Reducing Internal Covariate Shift[J]. arXiv preprint arXiv:1502.03167, 2015.
[10] KRIZHEVSKY A, SUTSKEVER I, HINTON G E. Imagenet Classifification with Deep Convolutional Neural Networks[C]//Advances in Neural Information Processing Systems, 2012:1097-1105.
[11] YU F, KOLTUN V. Multi-Scale Context Aggregation by Dilated Convolutions[J]. arXiv preprint arXiv:1511.07122, 2015.
[12] TAI Y, YANG J, LIU X, et al. Memnet: A Persistent Memory Network for Image Restoration[C]//Proceedings of the IEEE International Conference on Computer Vision, 2017:4539-4547.
[13] MARTIN D, FOWLKES C, TAL D, et al. A Database of Human Segmented Natural Images and its Application to Evaluating Segmentation Algorithms and Measuring Ecological Statistics[C]//Proceedings Eighth IEEE International Conference on Computer Vision. ICCV 2001, 2001, 2:416-423.
[14] MA D, DUANMU Z, WU Q, et al. Waterloo Exploration Database: New Challenges for Image Quality Assessment Models[J]. IEEE Transactions on Image Processing, 2016, 26(2):1004-1016.
[15] ZORAN D, WEISS Y. From Learning Models of Natural Image Patches to Whole

Image Restoration[C]//2011 International Conference on Computer Vision, 2011:479-486.

[16] XU J, LI H, LIANG Z, et al. Real-World Noisy Image Denoising: A New Benchmark[J]. arXiv preprint arXiv:1804.02603, 2018.

[17] HE K, ZHANG X, REN S, et al. Delving Deep Into Rectifiers: Surpassing Human-Level Performance on Imagenet Classifification[C]//Proceedings of the IEEE International Conference on Computer Vision, 2015:1026-1034.

[18] KINGMA D P, BA J. Adam: A Method for Stochastic Optimization[J]. arXiv preprint arXiv:1412.6980, 2014.

[19] PASZKE A, GROSS S, MASSA F, et al. PyTorch: An Imperative Style, High-Performance Deep Learning Library[C]//Advances in Neural Information Processing Systems, 2019:8026-8037.

[20] XU J, ZHANG L, ZHANG D. A Trilateral Weighted Sparse Coding Scheme for Real-World Image Denoising[C]//Proceedings of the European Conference on Computer Vision (ECCV), 2018:20-36.

[21] TIAN C, XU Y, FEI L, et al. Enhanced CNN for Image Denoising[J]. CAAI Transactions on Intelligence Technology, 2019, 4(1):17-23.

[22] TAI Y, YANG J, LIU X, et al. Memnet: A Persistent Memory Network for Image Restoration[C]//Proceedings of the IEEE International Conference on Computer Vision, 2017:4539-4547.

[23] ZHANG Y, TIAN Y, KONG Y, et al. Residual Dense Network for Image Super-Resolution[C]//Proceedings of the IEEE Conference on Computer Vision and Pattern Recognition, 2018:2472-2481.

[24] DABOV K, FOI A, KATKOVNIK V, et al. Image Denoising by Sparse 3-D Transform-Domain Collaborative Filtering[J]. IEEE Transactions on Image Processing, 2007, 16(8):2080-2095.

[25] GU S, ZHANG L, ZUO W, et al. Weighted Nuclear Norm Minimization with Application to Image Denoising[C]//Proceedings of the IEEE Conference on Computer Vision and Pattern Recognition, 2014:2862-2869.

[26] ZORAN D, WEISS Y. From Learning Models of Natural Image Patches to Whole Image Restoration[C]//2011 International Conference on Computer Vision, 2011:479-486.

[27] SCHMIDT S, ROTH S. Shrinkage Fields for Effffective Image Restoration[C]//Proceedings of the IEEE Conference on Computer Vision and Pattern Recognition,

2014:2774-2781.

[28] CHEN Y, POCK T. Trainable Nonlinear Reaction Diffffusion: A Flexible Framework for Fast and Effffective Image Restoration[J]. IEEE Transactions on Pattern Analysis and Machine Intelligence, 2016, 39(6):1256-1272.

[29] ZHANG K, ZUO W, CHEN Y, et al. Beyond a Gaussian Denoiser: Residual Learning of Deep CNN for Image Denoising[J]. IEEE Transactions on Image Processing, 2017, 26(7):3142-3155.

[30] ZHANG K, ZUO W, GU S, et al. Learning Deep CNN Denoiser Prior for Image Restoration[C]//Proceedings of the IEEE Conference on Computer Vision and Pattern Recognition, 2017:3929-3938.

[31] ZHANG K, ZUO W, ZHANG L. FFDNet: Toward a Fast and Flexible Solution for CNN-Based Image Denoising[J]. IEEE Transactions on Image Processing, 2018, 27(9):4608-4622.

[32] TIAN C, XU Y, FEI L, et al. Enhanced CNN for Image Denoising[J]. CAAI Transactions on Intelligence Technology, 2019, 4(1):17-23.

[33] BURGER H C, SCHULER C J, HARMELING S. Image Denoising: Can Plain Neural Networks Compete with Bm3d[C]//2012 IEEE Conference on Computer Vision and Pattern Recognition, 2012:2392-2399.

[34] WANG X, GIRSHICK R, GUPTA A, et al. Non-Local Neural Networks[C]//Proceedings of the IEEE Conference on Computer Vision and Pattern Recognition, 2018:7794-7803.

[35] LEBRUN M, COLOM M, MOREL J M. The Noise Clinic: A Blind Image Denoising Algorithm[J]. Image Processing On Line, 2015, 5:1-54.

[36] ABSOFT N. Neat Image[EB/OL].

[37] MAO X, SHEN C, YANG Y B. Image Restoration Using Very Deep Convolutional Encoder-Decoder Networks with Symmetric Skip Connections[C]//Advances in Neural Information Processing Systems, 2016:2802-2810.

[38] LIU P, ZHANG H, ZHANG K, et al. Multi-Level Wavelet-CNN for Image Restoration[C]// Proceedings of the IEEE Conference on Computer Vision and Pattern Recognition Workshops, 2018:773-782.

第5章

基于级联卷积神经网络的图像超分辨率方法

5.1 引言

SISR 技术因能利用图像超分辨率模型由一幅 LR 图像预测得到 SR 图像，而被广泛应用于视觉分析、医学图像和个人身份识别等多个领域。此外，SISR 技术是一个不适定问题，利用先验信息是获得高质量图像的有效方法。例如，通过贝叶斯知识学习到的一组模式能有效解决 SISR 问题。随机森林方法能把 LR 图像块直接映射到 SR 图像块，以克服训练的困难。虽然这些 SISR 方法能获得较好的性能，但它们中的大部分方法依靠复杂的优化方法和手动调参来提高预测的性能。

最近出现的深度学习技术能利用灵活的结构和强大的自学习能力克服上述困难。例如，VDSR 网络通过残差学习和小的过滤器提高训练速度，并达到提高视觉质量的目的。但该方法在训练前，利用上采样操作把 LR 图像放大成与给定的 HR 图像相同的尺寸，并将其作为 SR 网络的输入。虽然该方法能快速恢复高质量图像，但它不仅忽视了 LR 图像的细节信息，还提高了训练过程中的复杂度和计算代价。为了解决这个问题，学者们将 LR 图像输入深度网络以提取低频特征，并在网络深层利用上采样技术把低频特征转化为高频特征，以获得高质量图像。虽然这类方法能提高训练效率和降低训练代价，但会忽视高频细节信息，导致深层的上采样操作使 SR 模型发生突然的振动，引起训练过程不稳定和 SISR 性能的降低。

为了解决这个问题，研究人员通过融合上下文信息来增强 CNN。因此，本章充分利用网络层次的 LR 特征和 HR 特征来解决上述训练过程不稳定问题。具体地，本章提出一种图像超分辨率级联的 CNN（Cascaded SR CNN，CSRCNN），由 LR 图像复原得到 HR 图像。现有的大部分网络都通过增加深度来提升图像超分辨率性能，但深的网络会导致发生网络长期依赖问题。为了解决这个问题，本章采用异构卷积来获得不同类型的特征(长路径特征和短路径特征)，并融合这些特征，以增强网络浅层对深层的作用；为了防止出现由反复使用异构卷积中的 1×1 卷积导致的边缘信息丢失，本章采用残差学习来融合所有的长路径特征。为了防止上述操作使像素过分增强，本章采用堆积卷积方法提取更精准的特征。此外。采用子像素卷积技术把低频特征转化为高频特征。但在转化过程中，由于超分辨率网络没有考虑高频细节信息，所以训练过程会不稳定。为了解决此问题，本章通过特征细化块来学习更准确的高频特征，以缩小预测的 SR 图像与给定的 HR 图像之间的差距，从而提升图像超分辨率性能。实验表明，本章提出的 CSRCNN 模型在基准数据集上比 CARN-M 获得了更高的效率和性能。

5.2　相关技术

5.2.1　基于级联结构的深度卷积神经网络

在图像超分辨率方法中，在大缩放因子下直接使用 LR 图像来复原 HR 图像是非常困难的。为了解决这个问题，基于级联结构的深度 CNN 通过缩小预测结果与真实值之间的差距，来获得高质量图像。该方法一般可分成两类：第一类应用双三次插值将 LR 图像放大成与 HR 图像尺寸相同的图像，并将其作为深度 CNN 的输入，以预测 SR 图像。该类方法在处理 SISR 上具有较高的效率。例如，一种 SERF 方法（A Simple, Effective, Robust, and Fast Method）通过级联几个线性最小二乘函数来提取 LR 图像的有效特征，然后以级联的方式压缩 SR 模型并预测 SR 图像。第二类通过在不同阶段逐步放大图像来预测 SR 图像。例如，在文献[11]中，深度网络级联（Deep Network Cascade，DNC）先逐层放大 LR 图像，再利用非逻辑的自相似性在每个子网络中提取高频纹理特征，以获得 HR 图像。级联的多尺度交叉网络（Cascaded Multi-Scale Cross Network，CMSC）首先级联不同的子网络以获得鲁棒性较强的 SR 特征，然后在重构阶段通过加权的方式融合所获得的特征，并获得 SR 图像。为了降低训练 SR 模型的计算代价，级联的残差网络（Cascading Residual Network，CRN）级联了多个小过滤器的残差网络，能训练一个快速、准确和轻便的模型。综上可知，级联结构有助于缩小预测的 SR 图像与给定的 HR 图像之间的差距。

5.2.2 基于模块深度卷积神经网络的图像超分辨率

为了提取更有效的特征，学者们提出了基于模块深度卷积神经网络的图像超分辨率方法。这些方法可分为两类：高准确率（又称高性能）和高效率。

在提高图像超分辨率性能方面，融合多水平特征的方法已成为提高 SR 模型表达能力的有效方法之一。例如，多尺度密集网络（Multi-Scale Dense Network，MSDN）应用一个多尺度密集块来融合不同层次的特征，以解决 SISR 问题。此外，多视角也有助于提高 SISR 的性能。残差通道注意力网络（Residual Channel Attention Network，RCAN）利用残差学习技术和注意力机制提取 LR 图像不同通道的特征，以增强 SR 模型的鲁棒性。深度网络融合 LR 图像的彩色和深度信息，以增强获得的 LR 特征。此外，为了更好地利用层次特征，残差密集网络（Residual Dense Network，RDN）通过残差密集块融合全局和局部特征，以获得 HR 图像更多的细节信息。递归的空洞残差网络通过递归模块增大局部空间信息的影响，随后用特征细化块学习更准确的 LR 特征，有助于获得 HR 图像更多的细节信息。

在提高图像超分辨率效率方面，减少参数量是非常有效的方法。例如，信息蒸馏网络（Information Distillation Network，IDN）利用特征提取阶段、信息蒸馏阶段和重构阶段来预测高质量图像。其中，堆积信息蒸馏阶段利用 1×1 的卷积压缩 SR 模型，以提高训练速度。此外，为了降低训练过程中的复杂度和计算代价，基于块的递归网络（Block State-based Recursive Network，BSRN）通过特征提取器和递归的残差块提取 LR 特征，随后在网络的末端利用上采样机制来预测图像，能有效降低模型的复杂度。卷积锚定回归网络（Convolutional Anchored Regression Network，CARN）根据回归和相似性，将 LR 输入图像转到其他域，以提高 SR 任务的效率和性能。拉普拉斯金字塔信息蒸馏网络（Laplacian Pyramid Information Distillation Network，LapIDN）首次使用拉普拉斯金字塔模块逐渐放大获得的特征，然后通过蒸馏网络来提高 SR 的性能，该操作也能降低网络的复杂度。此外，轻量级特征融合网络（Lightweight Feature Fusion Network，LFFN）通过主轴块和 Softmax 特征融合块以自适应凸加权方式融合不同层次的特征，以控制参数量。自适应加权超分辨率网络（Adaptive Weighted SR Network，AWSRN）能在不同尺度上通过自适应加权残差单元和局部残差融合单元来减少参数量和提高 SISR 的效率。考虑到 SISR 的性能和效率，本章也提出一种基于模块级联结构的网络，用于提取更有效的 SR 特征。

5.3　面向图像超分辨率的模块深度卷积神经网络

本章利用经典的图像退化模型 $y=x\downarrow_s$ 来构建图像超分辨模型。其中 y 和 x 分别表示 LR 图像和 HR 图像；s 表示缩放因子。本章利用退化模型分析图像超分辨率任务的属性，构建 CNN；随后，通过 CNN 来预测 x，以训练图像超分辨率模型 CSRCNN。网络的更多信息如下。

本章通过融合不同水平的低频特征和高频特征来解决因忽视高频细节信息而由网络深层上采样操作引起的训练过程不稳定问题。面向图像超分辨率的模块深度卷积神经网络结构如图 5-1 所示，本章提出的 CSRCNN 由特征提取块（A Stack of Feature Extraction Blocks，sFEBs）、增强块（Enhancement Block，EB）、构造块（Construction Block，CB）和特征细化块（Feature Refinement Block，FRB）组成。这些块能利用更少的参数，从 LR 图像中提取网络层次的低频特征，融合这些特征能获得粗的 SR 特征，之后可以通过细化方式解决由上采样操作引起的训练过程不稳定问题。具体地，为了防止深度网络发生长期依赖问题，采用 sFEBs 提取不同类型的特征（长路径特征和短路径特征），通过融合这些特征，可以增强网络浅层对深层的作用。具体地，每个 FEB 都通过一个特征提取单元（Feature Extraction Unit，FEU）和一个压缩单元（Compression Unit，CU）来获得长路径特征和短路径特征。融合两个相邻 FEU 的长路径特征和短路径特征不仅能增强网络浅层对深层的作用，还能提高 SR 模型的表达能力。CU 对长路径特征蒸馏，以获得更有效的信息和减少参数量。为了防止反复蒸馏操作引起边缘信息丢失，EB 通过残差学习技术融合 FEB 中所有的长路径特征。为了防止像素过增强，堆积卷积方法用来提取精准的特征。具体地，5 个 FEU 融合到 EB 中。随后，利用子像素卷积技术将低频特征转化为高频特征，并在 CB 中通过残差学习技术融合全局和局部高频特征，以防止原始信息丢失。最后，为了解决由网络忽视高频细节信息的作用导致的深层上采样操作引起训练过程不稳定问题，FRB 通过细化粗的 SR

特征来获得鲁棒性强的 SR 特征并重构 HR 图像。这些技术的更多信息会在后续内容中进行介绍和说明。

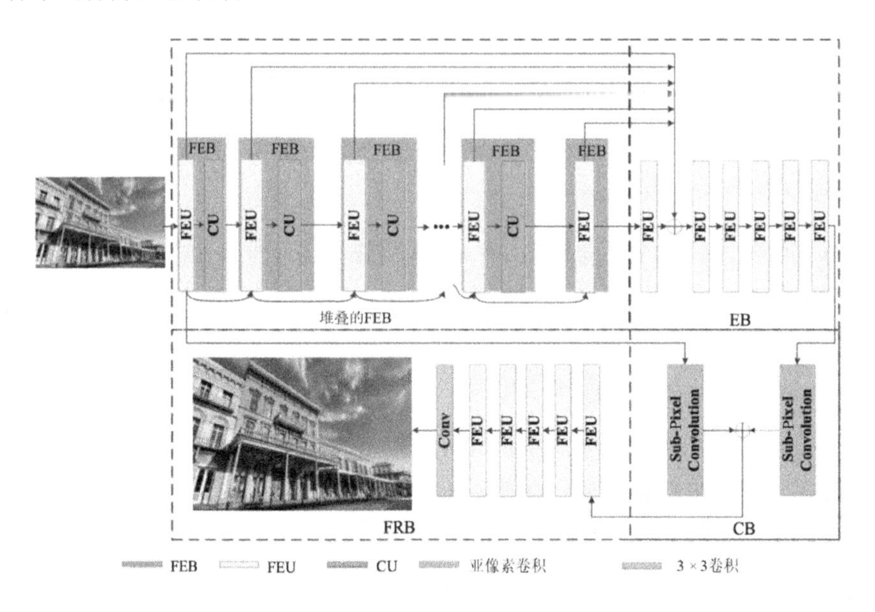

图 5-1　面向图像超分辨率的模块深度卷积神经网络结构

5.3.1　网络结构

所提出的 46 层 CSRCNN 由 4 个块组成：sFEBs、EB、CB 和 FRB。为了更好地理解这些块，本节定义一些符号：I_{LR} 和 I_{SR} 表示输入的 LR 图像和 CSRCNN 的输出图像。根据网络获得的特征类型（LR 特征和 HR 特征），可将 CSRCNN 的 4 个块分为两个部分：包含 sFEBs、EB 和 CB 的网络及 FEB。对于 CSRCNN 的第一部分，40 层的网络用于从 LR 图像中提取 LR 特征和获得粗的 SR 特征，这个过程可以表示为

$$O_{CB} = f_{CB}\{f_{EB}[f_{sFEBs}(I_{LR})]\} \tag{5-1}$$

式中，f_{sFEBs}、f_{EB} 和 f_{CB} 分别表示 sFEBs、EB 和 CB 的函数；O_{CB} 是 sFEBs、EB 和 CB 融合的输出，它也是 6 层 FRB 的输入。这里的 FRB 能通过细化粗的 SR 特征来缩小预测的 SR 图像与目标 HR 图像之间的差距，这个过程可以表示为

$$I_{SR} = f_{FRB}(O_{CB}) = f_{CSRCNN}(I_{LR}) \tag{5-2}$$

式中，f_{FRB} 和 I_{SR} 分别表示 FRB 的函数和输出。f_{CSRCNN} 是 CSRCNN 的函数。最后，CSRCNN 能通过 5.3.2 节中的损失函数来优化训练过程。

5.3.2　损失函数

在训练 SR 模型的过程中，训练对$\left\{I_{\mathrm{LR}}^{j}, I_{\mathrm{HR}}^{j}\right\}_{j=1}^{N}$用于训练 CSRCNN 模型。其中，$N$表示训练图像数量，$I_{\mathrm{LR}}^{j}$和$I_{\mathrm{HR}}^{j}$分别表示第$j$幅 LR 与 HR 训练图像。同时，选择均方误差作为损失函数来最小化预测的 SR 图像和目标 HR 图像之间的差距，这个过程可以表示为

$$l(\theta)=\frac{1}{2N}\sum_{j=1}^{N}\left\|f_{\mathrm{CSRCNN}}\left(I_{\mathrm{LR}}^{j}\right)-I_{\mathrm{HR}}^{j}\right\|^{2} \tag{5-3}$$

式中，θ表示训练模型参数集。

5.3.3　低频结构信息增强机制

随着网络深度的增加，网络浅层对深层的作用减弱。融合不同层次的网络信息可以有效解决这个问题。因此，本节利用异构卷积提取不同类型的特征并融合这些特征，以解决网络的长期依赖问题。如图 5-1 所示，33 层的 sFEBs 融合由 FEU 和 CU 获得的特征，以提升 SR 模型的性能和效率。其中，sFEBs 的第 1～16 个 FEB 由 FEU 和 CU 组成，第 17 个 FEB 由 FEU 组成。为增强网络浅层对网络深层的作用，相邻 FEU 输出通过连接操作来融合获得的特征。这里的前一个 FEU 获得的特征为长路径特征，后一个 FEU 获得的特征为短路径特征。随后，CU 对增强的 LR 特征进行蒸馏，以提取更有效的信息。FEU 和 CU 由3×3与1×1异构卷积实现。其中，每个 FEU 和 CU 都由 Conv+ReLU 组成，Conv+ReLU 表示一个卷积滤波器连接一个线性整流单元。第一个 FEU 的输入和输出通道数分别为 3 和 64，第一个 CU 的输入和输出通道数均为 64；其余 FEU 的输入和输出通道数都是 64，其余 CU 的输入和输出通道数分别为 128 和 64。由于使用了1×1卷积，CU 不仅能对获得的特征进行蒸馏，以获得更有效的信息，还能减少 SR 模型的参数和提高训练效率。为更清晰地展示 sFEBs 的实现过程，这里定义以下符号：O_{FEU}^{i}和O_{CU}^{i}分别表示第i个 FEB 中的 FEU 与 CU。由 sFEBs 的介绍可知，第i个 FEB 的函数可以表示为

$$O_{\mathrm{CU}}^{i}=\mathrm{CU}\left\{\mathrm{Cat}\left[\mathrm{FEU}\left(O_{\mathrm{CU}}^{i-1}\right), O_{\mathrm{FEU}}^{i-1}\right]\right\} \tag{5-4}$$

式中，$i=2,3,\cdots,16$；Cat 表示连接操作。第 1 个 FEB 的函数可以表示为$O_{\mathrm{CU}}^{1}=\mathrm{CU}\left[\mathrm{FEU}\left(I_{\mathrm{LR}}\right)\right]$，仅包含一个 FEU 的最后一个 FEB（第 17 个 FEB）可以表示为

$$O_{\mathrm{CU}}^{17}=\mathrm{Cat}\left[\mathrm{FEU}\left(O_{\mathrm{CU}}^{16}\right),O_{\mathrm{FEU}}^{16}\right] \tag{5-5}$$

式中，$O_{\mathrm{CU}}^{17}=O_{\mathrm{sFEBs}}$，$O_{\mathrm{sFEBs}}$表示 sFEBs 的输出。

随着网络深度的增加，网络浅层对网络深层的作用越来越弱。此外，在 sFEBs 中反复进行蒸馏操作会丢失一些边缘信息。考虑到这两个因素，通过融合不同层次的特征来提高网络的表示能力。具体地，使用两步的增强块 EB 来解决这些问题，其原理如图 5-1 所示。第一步，EB 由输入通道数为 128、输出通道数为 64 的 3×3 的 Conv+ReLU 组成。它能利用残差学习技术融合 sFEBs 的所有长路径特征，以处理上述问题。第二步，通过 5 个 3×3、输入和输出通道数均为 64 的 Conv+ReLU 微调 LR 特征，以缓解第一步的像素过增强问题。最后，为了更清晰地展示 EB 的实现过程，本节将上述过程转化为以下公式。

EB 的第一步输出可以表示为

$$O_{\mathrm{EB}}^{1}=\sum_{i=1}^{17}\left[\mathrm{FEU}\left(O_{\mathrm{sFEBs}}\right)+O_{\mathrm{FEU}}^{i}\right] \tag{5-6}$$

EB 的第二步输出可以表示为

$$O_{\mathrm{EB}}^{2}=\mathrm{FEU}\left(\mathrm{FEU}\left(\mathrm{FEU}\left(\mathrm{FEU}\left(\mathrm{FEU}\left(O_{\mathrm{EB}}^{1}\right)\right)\right)\right)\right) \tag{5-7}$$

5.3.4 信息提纯块

直接将 LR 图像作为网络输入和在网络的最后一层使用反卷积技术来重构 HR 图像，能快速提高恢复高质量图像的效率。但这类方法忽视了原始输入信息，会导致 SR 模型的性能下降。CB 通过两步来处理这个问题：①CB 利用输入和输出通道数均为 64、过滤器为 3×3 的子像素卷积技术来获得全局和局部特征；②CB 利用残差学习技术融合这些特征，以获得粗的 SR 特征。CB 的实现过程可以表示为

$$O_{\mathrm{CB}}=S\left(O_{\mathrm{FEU}}^{1}\right)+S\left(O_{\mathrm{EB}}^{2}\right) \tag{5-8}$$

式中，S 和+分别表示子像素卷积技术与残差学习技术，这里的残差学习技术实际上是“+”操作。面向图像超分辨率的模块深度卷积神经网络结构（细节图）如图 5-2 所示，残差学习技术在图 5-1 和图 5-2 中用“ ⊕ ”表示。

网络深层上采样操作会使训练过程发生突然的振动和引起训练过程不稳定。因此，特征细化块 FRB 通过学习精准高频特征来解决这个问题。具体地，特征

细化块 FRB 主要通过级联 5 个 FEU 和 1 个卷积滤波器来缩小预测的 SR 图像和真实的 HR 图像之间的差距。每个 FEU 由输入和输出通道数均为 64、3×3 的 Conv+ReLU 组成。级联 5 个 FEU 的 FRB 可以表示为

$$O_{\mathrm{FRB}} = \mathrm{FEU}\Big(\mathrm{FEU}\Big(\mathrm{FEU}\Big(\mathrm{FEU}\Big(\mathrm{FEU}\big(O_{\mathrm{CB}}\big)\Big)\Big)\Big)\Big) \tag{5-9}$$

式中，O_{FRB} 表示级联 5 个 FEU 的输出，随后它连接一个输入通道数为 64、输出通道数为 3 的 3×3 卷积滤波器，以预测 SR 图像。这个过程可以表示为

$$I_{\mathrm{SR}} = C\big(O_{\mathrm{FRB}}\big) \tag{5-10}$$

式中，C 表示最后一层卷积的函数。

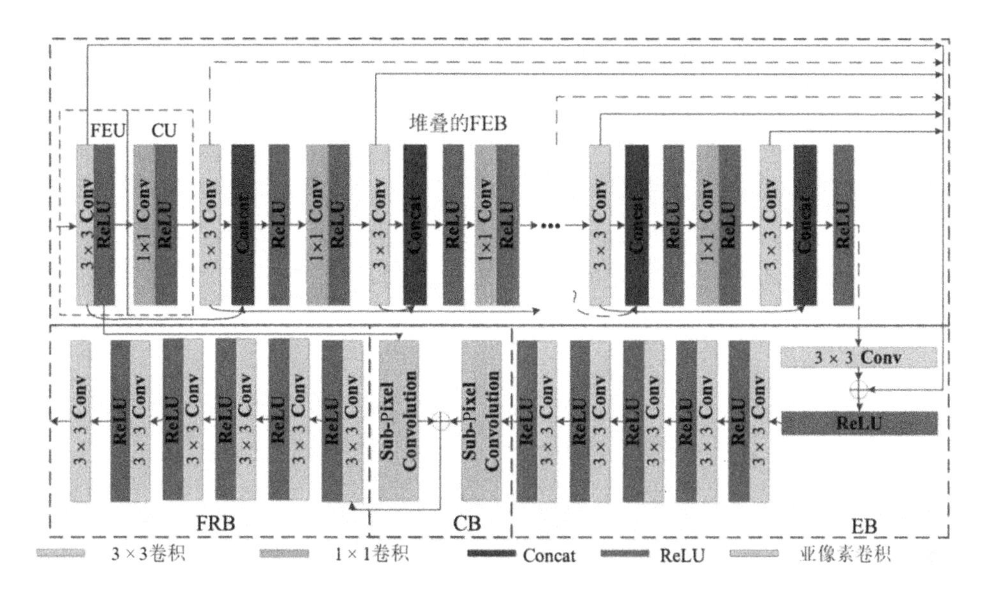

图 5-2　面向图像超分辨率的模块深度卷积神经网络结构（细节图）

5.3.5　与主流网络的相关性分析

SR 网络提取的特征一般可分为：HR 特征、LR 特征，以及 HR 特征和 LR 特征的结合。第一类方法一般通过双三次插值方法放大 LR 图像，并将其作为训练 SR 模型的输入，以预测 SR 图像。然而，这类方法会丢失一些 LR 特征，导致它在 SISR 上的性能下降。此外，它也会带来较高的计算代价。为了解决这个问题，学者们直接使用 LR 特征来训练 SR 模型。例如，FSRCNN 在网络末端利用反卷积技术放大 LR 特征来获得 HR 图像。该方法能提高 SR 任务的效率。然而，该方

法在网络深层使用上采样操作，会使训练的 SR 模型发生突然的振动，从而导致训练过程的不稳定。为了解决这个问题，特征细化块能通过组合 HR 和 LR 信息来获得更有效的 HR 特征。因此，本章通过在 CSRCNN 中级联特征细化块 FRB 来获得 HR 图像的细节信息。此外，当网络变得更深时，浅层对深层的影响会减弱。融合层次信息的 CNN 是解决这个问题的有效方法。例如，RDN 通过残差密集块融合所有卷积层的层次特征，以提高网络浅层的记忆能力，残差密集块（RDB）的结构如图 5-3 所示。除此之外，它利用全局的残差学习技术获得全局特征、利用残差密集块获得局部特征，随后通过融合这些特征来增强获得的特征。通道和空间特征调制（Channel-Wise and Spatial Feature Modulation，CSFM）方法利用 FMM（Feature Modulation Memory）模块中的通道和空间注意力机制（Chain of Channel-Wise and Spatial Attention Residual，CSAR）提取层次特征，随后通过融合这些特征来提高 SR 模型的表达能力，CFSM 方法中的 FMM 模块如图 5-4 所示。由上述说明可知，融合层次信息的方法对 SISR 任务很有效。因此，本章的 CSRCNN 在级联网络中充分利用网络的层次信息来增强低频特征。此外，本节通过比较图 5-2、图 5-3 和图 5-4 可知，本章提出的 CSRCNN 与 RDN 和 CSFM 方法相比有以下优势。

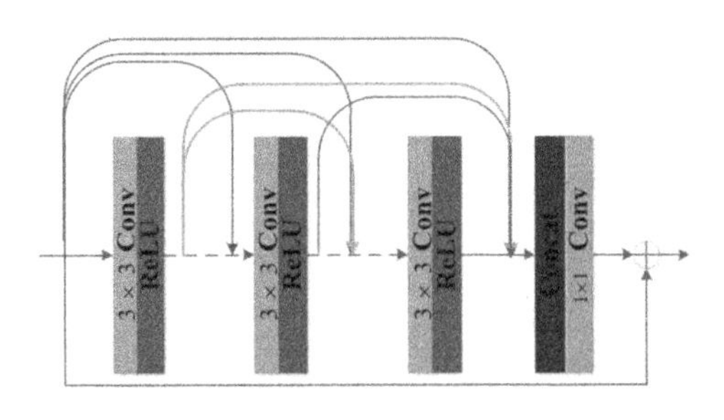

图 5-3　残差密集块（RDB）的结构

（1）CSRCNN 通过连接两个邻近 FEB 的特征来代替当前层（在 RDB 和 CSFM 中）并作为下层的输入，以增强浅层对深层的影响。除此之外，使用异构卷积对（如 3×3 和 1×1 的卷积）代替 3×3 卷积，以降低网络复杂度（如参数量和 FLOPs）。例如，CSRCNN 的参数量仅占 RDB 模型参数量的 5.5%和 CSFM 模型参数量的 9.3%。

（2）CSRCNN 中的增强块不仅通过连接多个 FEU 来增强获得的特征，还用残差学习代替连接 FEU 融合层次的 LR 特征，以为 sFEBs 提供互补信息。此外，为了防止像素过增强现象的出现，用 5 个卷积来平滑尖锐的 LR 特征。

（3）CSRCNN 通过残差学习技术和子像素卷积技术融合全局和局部特征，并代替单独的局部特征，以获得粗的 SR 特征，这能进一步解决网络的长期依赖问题。

（4）与现有的大部分使用 LR 特征训练 SR 模型的方法相比，本章提出的 CSRCNN 中的特征细化块充分利用 HR 特征提升 SR 的性能，并解决忽视高频细节信息导致的网络不稳定问题。

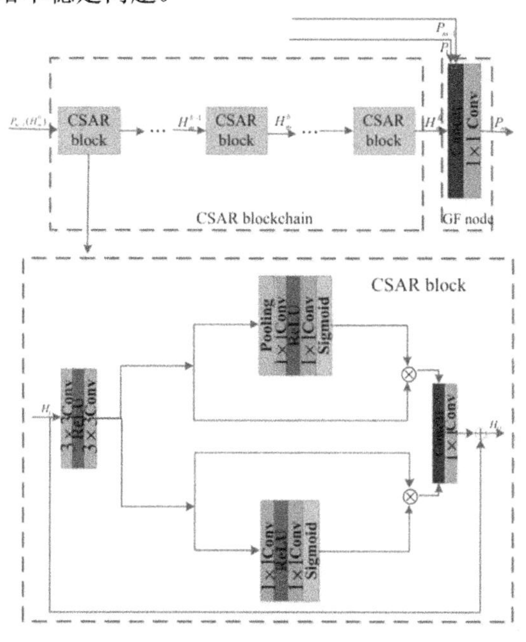

图 5-4　CFSM 方法中的 FMM 模块

5.4　实验与分析

5.4.1　实验设置

训练集：参考一些经典的 SR 方法（如 CARN-M）的训练模式，这里采用公开的 DIV2K 数据集训练 CSRCNN 模型。DIV2K 数据集由不同缩放因子（如 2、3 和 4）下的 800 幅训练图像、100 幅测试图像和 100 幅验证图像组成。通过增强样本的多样性，能提升训练模型的性能。本节在相同的缩放因子下合并训练集和验证集的图像，以扩充训练集。此外，为了加快模型的训练速度，将每幅 LR 图像裁剪成 77×77 的图像块。为了进一步增强数据，采用随机水平翻转和 90° 旋转的方式来增强训练的图像块。

测试集：使用 5 个基准数据集（如 Set5、Set14、BSD100、Urban100 和 720p）在 2、3 和 4 的缩放因子下估计 SR 模型的性能。其中，Set5 数据集和 Set14 数据集分别由不同场景中的 5 幅和 14 幅图像组成，BSD100（又称 B100）和 Urban100（又称 U100）数据集都由 100 幅图像组成。720p 数据集是从香港理工大学数据集选取并剪裁得到的 3 幅 1280×720 的干净图像。此外，现有的 SR 方法（如 DnCNN 和 RED30）都通过 YCbCr（又称 Y 通道）来测试 SR 模型的性能。因此，本章也把 CSRCNN 模型预测的 SR 图像转化为 Y 通道，以评估其在 SISR 上的性能。

本章在训练阶段设置初始参数为：Batchsize 为 64，beta 1 为 0.9，beta 2 为 0.999，epsilon 为 1×10^{-8}，训练步数为 6×10^{5}。此外，初始化的学习率为 1×10^{-4} 且每达到 4×10^{5} 步时学习率会减半。同时，初始化的权值和偏移量与文献[9]中相同。所提出的 CSRCNN 在 PyTorch 0.41、Python 2.7 和 Ubuntu 16.04 环境下进行训练和学习。此外，所有的实验都运行在配置了 i7-7800 的 CPU、16GB 的内存、9.0 版本的 CUDA 和 7.5 版本的 cuDNN GTX 1080Ti GPU 的 PC 上。

5.4.2 特征提取块和增强块的合理性和有效性验证

sFEBs、EB 和 CB 能通过网络层次信息来增强 LR 特征。FEB 由 FEU 和 CU 组成。所设计的 FEB 遵循两个规律：更少的参数和更高的 SR 性能。对于第一个方面，本章使用 $P=2$ 的异构卷积来提高训练 SR 的效率，其中，P 表示异构数；这些异构卷积由 16 个 3×3 的标准卷积和 16 个 1×1 的卷积组成；3×3 和 1×1 的卷积分别作用在 FEU 和 CU 上。由于 1×1 的卷积能通过移除冗余信息来获得更有效的特征，所以提出的 CU 能减少训练过程中的参数和提高训练 CSRCNN 的效率。

在网络结构设计上，网络结构的差异越大，则网络的性能越好。因此，将 3×3 的标准卷积用到异构卷积中是合理的。此外，为了由 LR 输入图像获得 SR 特征，本章把子像素层技术设置在异构卷积对的后边。为了重构 SR 图像，64×3×3×3 的卷积作为最后一层。其中，64 和 3 分别表示输入和输出通道数，3×3 表示卷积过滤器的大小。上述设置使异构卷积网络（Heterogeneous Convolutional Network，HCN）的深度为 35。为了验证异构卷积网络 HCN 在 SR 上比标准的卷积网络有效，作为对比方法的标准卷积网络（Standard Convolutional Network，SCN）也设置为与 HCN 相同的深度。两个网络的复杂度如表 5-1 所示，HCN 在 SR 上比 SCN 有更低的计算代价和占用更小的内存空间。HCN 和 SCN 在恢复大小为 256×256、512×512 和 1024×1024 的×2 倍图像上的时间如表 5-2 所示，HCN 在×2 倍下比 SCN 恢复高质量图像的效率高。不同的 SR 方法在两个基准数据集 B100 和 U100 上恢复×2 倍图像时获得的平均 PSNR 和 SSIM 如表 5-3 所示，HCN 和 SCN 在 U100 数据集上恢复×2 倍高质量图像时获得相同的 PSNR 和结构相似性指数（Structural Similarity Index，SSIM）。这些结果说明了所提出的异构结构能在不降低 SR 性能的前提下减少模型参数量和降低复杂度。

表 5-1　两个网络的复杂度

网络	参数量（个）	FLOPs
HCN	757k	5.18G
SCN	1257k	8.14G

表 5-2　HCN 和 SCN 在恢复大小为 256×256、512×512 和 1024×1024 的×2 倍图像上的时间

获得的高质量图像大小	时间（s）	
	HCN	SCN
256×256	0.009466	0.009536
512×512	0.011093	0.011369
1024×1024	0.019960	0.026624

表 5-3　不同的 SR 方法在两个基准数据集 B100 和 U100 上恢复×2 倍图像时获得的平均 PSNR 和 SSIM

方法	B100	U100
	PSNR（dB）/SSIM	PSNR（dB）/SSIM
HCN	14.64/0.4132	12.86/0.3788
SCN	14.64/0.4132	12.86/0.3788
sFEBs	31.83/0.8954	31.07/0.9169
The combination of sFEBs and EB1	32.03/0.8974	31.77/0.9243
The combination of sFEBs and EB	32.05/0.8976	31.80/0.9247
The combination of sFEBs, EB and CB	32.06/0.8981	31.91/0.9261
FRNet	14.64/0.4132	12.86/0.3788
CSRCNN	32.11/0.8988	32.03/0.9273

随着网络深度的增加，网络浅层对深层的作用会减弱，使得 SR 性能下降。为了解决这个问题，学者们通过融合浅层的层次特征，为网络的深层提供互补的上

下文信息。因此，sFEBs 使用两步增强机制来增强 SR 模型的表达能力。第一步利用相邻 FEB 中的 FEU 和 CU 分别提取长路径特征和短路径特征。第二步利用连接操作融合获得的长路径特征和短路径特征，以解决长期依赖问题。如表 5-3 所示，包含长路径和短路径特征的 sFEBs 比不包含长路径和短路径特征的 HCN 在 B100 和 U100 数据集上获得了更高的 PSNR 和 SSIM，这也说明了 CSRCNN 中的长路径和短路径特征对处理 SR 任务非常有效。虽然 1×1 的卷积能通过对 LR 特征进行蒸馏来获得更有效的特征，但反复蒸馏的操作会导致丢失原始图像信息。为了解决这个问题，sFEBs 能通过连接长路径和短路径中各一半的特征点和融合这些特征，来提升 SR 模型的表达能力。然而，该操作会导致深层仅继承部分浅层特征，不能完全解决长期依赖问题。为了进一步解决这个问题，CSRCNN 设计了两步的 EB。EB 的第一步 EB1 通过残差学习技术融合 sFEBs 中的长路径特征，能为 sFEBs 提供互补的特征。为了缓解 EB1 的像素过增强问题，第二步能通过堆积一些 FEU 实现细化学习，从而获得更有效的 LR 特征。两步的 EB 增强了网络结构的多样性，对恢复 HR 图像非常有效。如表 5-3 所示，包含 sFEBs 和 EB1 的网络在 B100 和 U100 数据集上比 FEBs 获得了更高的 PSNR 和 SSIM，这说明了 EB 的第一步在 SR 任务上的有效性。此外，包含 sFEBs 和 EB 的网络比包含 FEBs 和 EB1 的网络在图像超分辨率上获得了更高的 PSNR 和 SSIM，这验证了 EB 的第二步对提高 SR 的性能有效。

5.4.3 构造块和特征细化块的合理性和有效性验证

使用双三次插值法放大 LR 图像，将其作为 SR 模型的输入来预测图像，会导致计算代价高和内存消耗大。为了降低计算代价和减小内存消耗，学者们在网络末端使用子像素技术放大 LR 特征，获得 HR 图像。然而，这类方法重视局部 LR 特征而忽视原始的 LR 图像信息，导致 SR 的性能下降。为了解决这个问题，学者们通过融合全局特征和局部特征来增强 SR 模型的表达能力。因此，本章利用残差学习技术融合全局和局部特征，以提高所获得的 SR 特征的鲁棒性。具体地，首先把 sFEBs 中第一个 FEU 的输出和 EB 的输出视为全局 SR 特征和局部 SR 特征。然后，利用残差学习技术融合全局和局部 SR 特征，获得粗的 SR 特征。该操作能提高 SR 模型的性能。如表 5-3 所示，包含 sFEBs、EB 和 CB 的网络在 SISR 上比包含 sFEBs 和 EB 的网络获得了更高的 PSNR 和 SSIM。

包含 sFEBs、EB 和 CB 的网络通过提取 LR 特征来获得粗的 SR 特征。由于在网络深层使用上采样操作会使训练 SR 模型的过程不稳定，导致获得的 SR 特征不能完全代表真实的 HR 图像。为了解决这些问题，在 CSRCNN 中使用 6 层的 FRB 细化粗的 SR 特征。具体地，FRB 能细化粗的 SR 特征，缩小预测的 SR 图像和真实的 HR 图像之间的差距，也能与 sFEBs、EB 和 CB 形成互补。因此，包含 sFEBs、EB、CB 和 FRB 的 CSRCNN 能增强训练 SR 模型的稳定性。如表 5-3 所示，CSRCNN 在 U100 和 B100 数据集上比包含 sFEBs、EB 和 CB 的网络获得了更高的 PSNR 和 SSIM。同时，用仅提取 LR 特征并与 CSRCNN 有相同参数的 FRNet 来验证 FRB 在 SISR 上有效性。如表 5-3 所示，仅使用 FRB 会发生梯度爆炸或梯度消失现象。因此，这样的验证方法不能提供有意义的参考，本节也没有把它作为对比方法。最后，CSRCNN 将 64×3×3×3 的卷积层作为最后一层，以重构 SR 图像。其中，64 和 3 分别为最后一层的输入和输出通道数，3×3 表示卷积过滤器的大小。

5.4.4　定量和定性估计

为了系统地估计 CSRCNN 模型在 SR 上的性能，本章选择了定量和定性分析来进行实验。其中，定量分析通过不同方法在 5 个基准数据集（Set5、Set14、B100、U100 和 720p）上获得平均 PSNR、SSIM、运行时间和模型的复杂度，以通过比较来测试 CSRCNN 方法的 SR 性能。对比方法包括：BiCubic、A+、RFL、自形式的 SR 方法（Self-Exemplars SR Method，SelfEx）、基于稀疏编码的级联网络（Cascade of Sparse Coding Based Network，CSCN）、RED30、DnCNN、TNRD、快速空洞的 SR 方法（Fast Dilated SR Method，FDSR）、SRCNN、FSRCNN、残留上下文子网络（Residue Context Sub-Network，RCN）、VDSR、DRCN、上下文网络融合（Context-Wise Network Fusion，CNF）、拉普拉斯 SR 网络（Laplacian SR Network，LapSRN）、IDN、DRRN、平衡两阶段的残差网络（Balanced Two-Stage Residual Networks，BTSRN）、MemNet、CARN-M、CARN、端到端的深浅网络（End-to-End Deep and Shallow Network，EEDS+）、两阶段的卷积网络（Two-Stage Convolutional Network，TSCN）、深度递归融合网络（Deep Recurrent Fusion Network，DRFN）、RDN、CSFM 和超分辨率前馈网络（Super-Resolution Feedback Network，SRFBN）。此外，本章从以下两个方面保证实验的公平性。第一，本章采用与 CARN-M、CARN 等经典的深度学习图像超分辨率方法相同的初始参数来

训练 CSRCNN 模型。第二，本章用到的 CARN、CARN-M 等经典的深度学习超分辨率对比方法采用原作者提供的代码模型，同时这些模型在与训练 CSRCNN 采用的相同主机的相同系统上、相同的公开数据集上及相同的缩放因子下测试这些方法恢复高质量图像的性能。以上两个方面使得 CSRCNN 在图像超分辨率上获得的效果具有可信度。在主观视觉的质量评估上，本章通过定性分析来测试 CSRCNN 的性能，更多的信息在后续内容中介绍。

不同的 SR 方法在 Set5、Set14、B100、U100 和 720p 数据集上恢复×2、×3 和×4 倍高清图像的平均 PSNR 和 SSIM 分别如表 5-4 到表 5-8 所示。如表 5-4 所示，本章提出的 CSRCNN 在×3 和×4 倍下比 TSCN、EEDS+和 CARN-M 获得了更好的 SR 效果。此外，在×2 倍下，CSRCNN 比 CARN-M 在 SR 上获得了更好的性能。同时，如表 5-5 到表 5-8 所示，CSRCNN 在 3 种缩放因子（×2、×3 和×4 倍）下都获得了更好的 SR 性能。如表 5-5 所示，CSRCNN 在×2、×3 和×4 倍下比 MemNet 获得的 PSNR 分别高 0.23dB、0.27dB 和 0.31dB。在表 5-6 中，CSRCNN 在 SR 上比 CARN-M、TSCN 和 DRFN 获得了更好的性能。如表 5-7 所示，CSRCNN 在 U100 数据集上恢复×2 倍高清图像时比 CARN-M 获得的 PSNR 高 0.84dB。同时，如表 5-8 所示，CSRCNN 在 720p 数据集上恢复×3 倍高清图像时比 CARN 获得了更好的性能。由这些实验结果可知，本章提出的 CSRCNN 在 SR 上具有良好的稳定性。此外，本节选择 6 种经典的 SR 方法（VDSR、DRRN、MemNet、RDN、SRFBN 和 CARN-M）作为对比方法，测试 CSRCNN 恢复大小为 256×256、512×512 和 1024×1024 的×2 倍图像的运行时间，如表 5-9 所示，CSRCNN 比这些方法获得了更高的 SR 效率。此外，CSRCNN 在 154×154 的 SR 图像上通过估计参数和 FLOPs，查看 CSRCNN 的计算代价和消耗的内存。不同的 SR 方法在恢复×2 倍图像时的复杂度如表 5-10 所示，CSRCNN 在预测的 SR 图像上获得了第三小的 FLOPs。

表 5-4 不同的 SR 方法在 Set5 数据集上恢复×2、×3 和×4 倍高清图像的平均 PSNR 和 SSIM

方法	PSNR（dB）/SSIM		
	×2	×3	×4
BiCubic	33.66/0.9299	30.39/0.8682	28.42/0.8104
A+	36.54/0.9544	32.58/0.9088	30.28/0.8603
RFL	36.54/0.9537	32.43/0.9057	30.14/0.8548
SelfEx	36.49/0.9537	32.58/0.9093	30.31/0.8619
CSCN	36.93/0.9552	33.10/0.9144	30.86/0.8732

续表

方法	PSNR（dB）/SSIM		
	×2	×3	×4
RED30	37.66/0.9599	33.82/0.9230	31.51/0.8869
DnCNN	37.58/0.9590	33.75/0.9222	31.40/0.8845
TNRD	36.86/0.9556	33.18/0.9152	30.85/0.8732
FDSR	37.40/0.9513	33.68/0.9096	31.28/0.8658
SRCNN	36.66/0.9542	32.75/0.9090	30.48/0.8628
FSRCNN	37.00/0.9558	33.16/0.9140	30.71/0.8657
RCN	37.17/0.9583	33.45/0.9175	31.11/0.8736
VDSR	37.53/0.9587	33.66/0.9213	31.35/0.8838
DRCN	37.63/0.9588	33.82/0.9226	31.53/0.8854
CNF	37.66/0.9590	33.74/0.9226	31.55/0.8856
LapSRN	37.52/0.9590	—	31.54/0.8850
IDN	37.83/0.9600	34.11/0.9253	31.82/0.8903
DRRN	37.74/0.9591	34.03/0.9244	31.68/0.8888
BTSRN	37.75/—	34.03/—	31.85/—
MemNet	37.78/0.9597	34.09/0.9248	31.74/0.8893
CARN-M	37.53/0.9583	33.99/0.9236	31.92/0.8903
CARN	37.76/0.9590	34.29/0.9255	32.13/0.8937
EEDS+	37.78/0.9609	33.81/0.9252	31.53/0.8869
TSCN	37.88/0.9602	34.18/0.9256	31.82/0.8907
DRFN	37.71/0.9595	34.01/0.9234	31.55/0.8861
RDN	38.24/0.9614	34.71/0.9296	32.47/0.8990
CSFM	38.26/0.9615	34.76/0.9301	32.61/0.9000
SRFBN	38.11/0.9609	34.70/0.9292	32.47/0.8983
CSRCNN	37.79/0.9591	34.24/0.9256	32.06/0.8920

表 5-5　不同的 SR 方法在 Set14 数据集上恢复×2、×3 和×4 倍高清图像的平均 PSNR 和 SSIM

方法	PSNR（dB）/SSIM		
	×2	×3	×4
BiCubic	30.24/0.8688	27.55/0.7742	26.00/0.7027
A+	32.28/0.9056	29.13/0.8188	27.32/0.7491
RFL	32.26/0.9040	29.05/0.8164	27.24/0.7451
SelfEx	32.22/0.9034	29.16/0.8196	27.40/0.7518
CSCN	32.56/0.9074	29.41/0.8238	27.64/0.7578
RED30	32.94/0.9144	29.61/0.8341	27.86/0.7718
DnCNN	33.03/0.9128	29.81/0.8321	28.04/0.7672

续表

方法	PSNR（dB）/SSIM		
	×2	×3	×4
TNRD	32.51/0.9069	29.43/0.8232	27.66/0.7563
FDSR	33.00/0.9042	29.61/0.8179	27.86/0.7500
SRCNN	32.42/0.9063	29.28/0.8209	27.49/0.7503
FSRCNN	32.63/0.9088	29.43/0.8242	27.59/0.7535
RCN	32.77/0.9109	29.63/0.8269	27.79/0.7594
VDSR	33.03/0.9124	29.77/0.8314	28.01/0.7674
DRCN	33.04/0.9118	29.76/0.8311	28.02/0.7670
CNF	33.38/0.9136	29.90/0.8322	28.15/0.7680
LapSRN	33.08/0.9130	29.63/0.8269	28.19/0.7720
IDN	33.30/0.9148	29.99/0.8354	28.25/0.7730
DRRN	33.23/0.9136	29.96/0.8349	28.21/0.7720
BTSRN	33.20/—	29.90/—	28.20/—
MemNet	33.28/0.9142	30.00/0.8350	28.26/0.7723
CARN-M	33.26/0.9141	30.08/0.8367	28.42/0.7762
CARN	33.52/0.9166	30.29/0.8407	28.60/0.7806
EEDS+	33.21/0.9151	29.85/0.8339	28.13/0.7698
TSCN	33.28/0.9147	29.99/0.8351	28.28/0.7734
DRFN	33.29/0.9142	30.06/0.8366	28.30/0.7737
RDN	34.01/0.9212	30.57/0.8468	28.81/0.7871
CSFM	34.07/0.9213	30.63/0.8477	28.87/0.7886
SRFBN	33.82/0.9196	30.51/0.8461	28.81/0.7868
CSRCNN	33.51/0.9165	30.27/0.8410	28.57/0.7800

表 5-6　不同的 SR 方法在 B100 数据集上恢复×2、×3 和×4 倍高清图像的平均 PSNR 和 SSIM

方法	PSNR（dB）/SSIM		
	×2	×3	×4
BiCubic	29.56/0.8431	27.21/0.7385	25.96/0.6675
A+	31.21/0.8863	28.29/0.7835	26.82/0.7087
RFL	31.16/0.8840	28.22/0.7806	26.75/0.7054
SelfEx	31.18/0.8855	28.29/0.7840	26.84/0.7106
CSCN	31.40/0.8884	28.50/0.7885	27.03/0.7161
RED30	31.98/0.8974	28.92/0.7993	27.39/0.7286
DnCNN	31.90/0.8961	28.85/0.7981	27.29/0.7253
TNRD	31.40/0.8878	28.50/0.7881	27.00/0.7140

续表

方法	PSNR（dB）/SSIM		
	×2	×3	×4
FDSR	31.87/0.8847	28.82/0.7797	27.31/0.7031
SRCNN	31.36/0.8879	28.41/0.7863	26.90/0.7101
FSRCNN	31.53/0.8920	28.53/0.7910	26.98/0.7150
VDSR	31.90/0.8960	28.82/0.7976	27.29/0.7251
DRCN	31.85/0.8942	28.80/0.7963	27.23/0.7233
CNF	31.91/0.8962	28.82/0.7980	27.32/0.7253
LapSRN	31.80/0.8950	—	27.32/0.7280
IDN	32.08/0.8985	28.95/0.8013	27.41/0.7297
DRRN	32.05/0.8973	28.95/0.8004	27.38/0.7284
BTSRN	32.05/—	28.97/—	27.47/—
MemNet	32.08/0.8978	28.96/0.8001	27.40/0.7281
CARN-M	31.92/0.8960	28.91/0.8000	27.44/0.7304
CARN	32.09/0.8978	29.06/0.8034	27.58/0.7349
EEDS+	31.95/0.8963	28.88/0.8054	27.35/0.7263
TSCN	32.09/0.8985	28.95/0.8012	27.42/0.7301
DRFN	32.02/0.8979	28.93/0.8010	27.39/0.7293
RDN	32.34/0.9017	29.26/0.8093	27.72/0.7419
CSFM	32.37/0.9021	29.30/0.8105	27.76/0.7432
SRFBN	32.29/0.9010	29.24/0.8084	27.72/0.7409
CSRCNN	32.11/0.8988	29.03/0.8035	27.53/0.7333

表 5-7　不同的 SR 方法在 U100 数据集上恢复×2、×3 和×4 倍高清图像的平均 PSNR 和 SSIM

方法	PSNR（dB）/SSIM		
	×2	×3	×4
BiCubic	26.88/0.8403	24.46/0.7349	23.14/0.6577
A+	29.20/0.8938	26.03/0.7973	24.32/0.7183
RFL	29.11/0.8904	25.86/0.7900	24.19/0.7096
SelfEx	29.54/0.8967	26.44/0.8088	24.79/0.7374
RED30	30.91/0.9159	27.31/0.8303	25.35/0.7587
DnCNN	30.74/0.9139	27.15/0.8276	25.20/0.7521
TNRD	29.70/0.8994	26.42/0.8076	24.61/0.7291
FDSR	30.91/0.9088	27.23/0.8190	25.27/0.7417
SRCNN	29.50/0.8946	26.24/0.7989	24.52/0.7221
FSRCNN	29.88/0.9020	26.43/0.8080	24.62/0.7280

续表

方法	PSNR（dB）/SSIM		
	×2	×3	×4
VDSR	30.76/0.9140	27.14/0.8279	25.18/0.7524
DRCN	30.75/0.9133	27.15/0.8276	25.14/0.7510
LapSRN	30.41/0.9100	—	25.21/0.7560
IDN	31.27/0.9196	27.42/0.8359	25.41/0.7632
DRRN	31.23/0.9188	27.53/0.8378	25.44/0.7638
BTSRN	31.63/—	27.75/—	25.74—
MemNet	31.31/0.9195	27.56/0.8376	25.50/0.7630
CARN-M	31.23/0.9193	27.55/0.8385	25.62/0.7694
CARN	31.92/0.9256	28.06/0.8493	26.07/0.7837
TSCN	31.29/0.9198	27.46/0.8362	25.44/0.7644
DRFN	31.08/0.9179	27.43/0.8359	25.45/0.7629
RDN	32.89/0.9353	28.80/0.8653	26.61/0.8028
CSFM	33.12/0.9366	28.98/0.8681	26.78/0.8065
SRFBN	32.62/0.9328	28.73/0.8641	26.60/0.8015
CSRCNN	32.07/0.9273	28.04/0.8496	26.03/0.7824

表 5-8 不同的 SR 方法在 720p 数据集上恢复×2、×3 和×4 倍高清图像的平均 PSNR 和 SSIM

方法	PSNR（dB）/SSIM		
	×2	×3	×4
CARN-M	43.62/0.9791	39.87/0.9602	37.61/0.9389
CARN	44.57/0.9809	40.66/0.9633	38.03/0.9429
CSRCNN	44.77/0.9811	40.93/0.9656	38.34/0.9482

表 5-9 不同的 SR 方法恢复大小为 256×256、512×512 和 1024×1024 的×2 倍 HR 图像的运行时间

方法	运行时间（s）		
	256×256	512×512	1024×1024
VDSR	0.0172	0.0575	0.2126
DRRN	3.0630	8.0500	25.2300
MemNet	0.8774	3.6050	14.6900
RDN	0.0553	0.2232	0.9124
SRFBN	0.0761	0.2508	0.9787
CARN-M	0.0159	0.0199	0.0320
CSRCNN	0.0153	0.0184	0.0298

表 5-10　不同的 SR 方法在恢复×2 倍图像时的复杂度

方法	参数量（个）	FLOPs
VDSR	665k	15.82G
DnCNN	556k	13.20G
DRCN	1,774k	42.07G
MemNet	677k	16.06G
CARN-M	412k	2.50G
CARN	1,592k	10.13G
CSFM	12,841k	76.82G
RDN	21,937k	130.75G
SRFBN	3,631k	22.24G
CSRCNN	1,200k	11.08G

由于具有较浅的结构和非常少的连接操作，CSRCNN 的 SR 性能没有超过一些深的 SR 网络，如 RDN、CSFM 和 SRFBM。但在计算效率和模型复杂度上，CSRCNN 更有优势。因此，在定量分析上，本章提出的 CSRCNN 对完成 SISR 任务非常有效。

本节用 CSRCNN 和 4 个 SR 方法（BiCubic、SRCNN、SelfEx 和 CARN-M）在不同情况下（如在 Set14 数据集上恢复×2 倍高质量图像、在 B100 数据集上恢复×3 倍高质量图像、在 U100 数据集上恢复×4 倍高质量图像，分别如图 5-5、图 5-6 和图 5-7 所示）测试预测 SR 图像的主观视觉质量。为了更直观地观察不同方法获得的高质量图像的视觉效果，本节放大预测的 SR 图像的一个区域并将其作为观察区，观察区越清晰，则相应的 SR 方法越有效。

（a）高质量图像[PSNR（dB）/SSIM]（b）BiCubic（26.85dB/0.9468）　（c）SRCNN（30.24dB/0.9743）

图 5-5　不同方法在 Set14 数据集上恢复×2 倍高质量图像

（d）SelfEx（31.49dB/0.9823） （e）CARN-M（33.63dB/0.9888） （f）CSRCNN（34.45dB/0.9901）

图 5-5　不同方法在 Set14 数据集上恢复×2 倍高质量图像（续）

如图 5-5、图 5-6 和图 5-7 所示，CSRCNN 比其他方法在观察区上获得了更清晰的高质量图像，也说明了提出的 CSRCNN 在定性分析上对完成 SR 任务更有效。由定量和定性分析可知，本章提出的 CSRCNN 对完成图像超分辨率任务更有效。

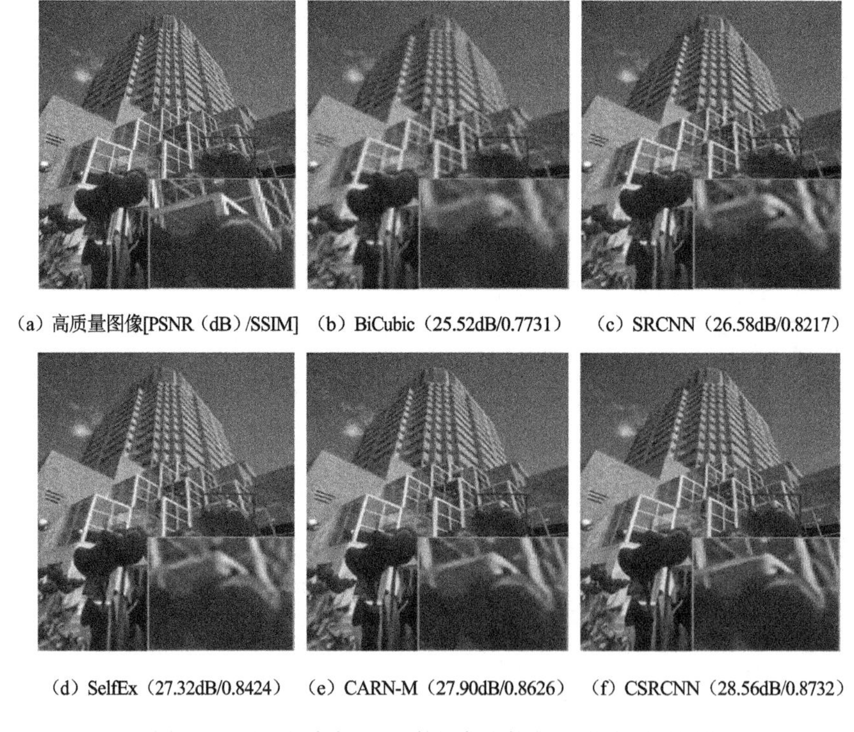

（a）高质量图像[PSNR（dB）/SSIM] （b）BiCubic（25.52dB/0.7731） （c）SRCNN（26.58dB/0.8217）

（d）SelfEx（27.32dB/0.8424） （e）CARN-M（27.90dB/0.8626） （f）CSRCNN（28.56dB/0.8732）

图 5-6　不同方法在 B100 数据集上恢复×3 倍高质量图像

（a）高质量图像[PSNR（dB）/SSIM]（b）BiCubic（22.10dB/0.7862）（c）SRCNN（26.08dB/0.8547）

（d）SelfEx（28.02dB/0.9026）（e）CARN-M（31.80dB/0.9324）（f）CSRCMM（33.21dB/0.9377）

图 5-7　不同方法在 U100 数据集上恢复×4 倍高质量图像

5.5　本章小结

现有的大部分网络都通过深层上采样操作训练图像超分辨率模型，以提高恢复高质量图像的效率。但它们忽视了对高频细节信息的使用，导致训练过程不稳定和性能下降。因此，本章提出了一种基于级联卷积神经网络的图像超分辨率方法 CSRCNN。该方法充分利用网络层次的低频特征和高频特征，来增强图像超分辨率模型的稳定性。考虑到深度网络的长期依赖问题，本章利用异构卷积提取不同类型的特征，通过融合这些层次特征来增强网络浅层对深层的作用；防止多次使用异构卷积中的 1×1 卷积导致的边缘信息丢失，本章采用堆积卷积结构提取更精准的低频特征。此外，采用子像素卷积技术把低频特征转化为高频特征，并通过残差学习技术融合全局和局部高频特征，以防止原始输入信息丢失。最后，采用细化方式学习鲁棒性更强的高频特征，缩小预测的 SR 图像与给定的 HR 图像之间的差距，并提高训练过程的稳定性。本章通过 5 个基准数据集在不同缩放因子（×2、×3 和×4 倍）下进行验证，所提出的 CSRCNN 比经典深度学习的图像超分辨方法 CARN-M 和 MemNet 等在恢复高清图像、计算效率及模型复杂度上更有优势。

参考文献

[1] LI S, HE F, DU B, et al. Fast Spatio-Temporal Residual Network for Video Super Resolution[C]//Proceedings of the IEEE Conference on Computer Vision and Pattern Recognition, 2019:10522-10531.

[2] HUANG Y, SHAO L, FRANGI A F. Simultaneous Super-Resolution and Cross-Modality Synthesis of 3D Medical Images Using Weakly-Supervised Joint Convolutional Sparse Coding[C]//Proceedings of the IEEE Conference on Computer Vision and Pattern Recognition, 2017:6070-6079.

[3] LUO X, XU Y, YANG J. Multi-Resolution Dictionary Learning for Face Recognition[J]. Pattern Recognition, 2019, 93:283-292.

[4] LIANG X, ZHANG D, LU G, et al. A Novel Multicamera System for High-Speed Touchless Palm Recognition[J]. IEEE Transactions on Systems, Man, and Cyber netics: Systems, 2019.

[5] POLATKAN G, ZHOU M, CARIN L, et al. A Bayesian Nonparametric Approach to Image Super-Resolution[J]. IEEE Transactions on Pattern Analysis and Machine Intelligence, 2014, 37(2):346-358.

[6] SCHULTER S, LEISTNER C, BISCHOF H. Fast and Accurate Image Upscaling with Super Resolution Forests[C]//Proceedings of the IEEE Conference on Computer Vision and Pattern Recognition, 2015:3791-3799.

[7] KIM J, KWON LEE J, MU LEE K. Accurate Image Super-resolution Using Very Deep Convolutional Networks[C]//Proceedings of the IEEE Conference on Computer Vision and Pattern Recognition, 2016:1646-1654.

[8] DONG C, LOY C C, TANG X. Accelerating the Super-Resolution Convolutional Neural Network[C]//European Conference on Computer Vision, 2016:391-407.

[9] AHN N, KANG B, SOHN K A. Fast, Accurate, and Lightweight Super-Resolution with Cascading Residual Network[C]//Proceedings of the European Conference on Computer Vision (ECCV), 2018:252-268.

[10] HU Y, WANG N, TAO D, et al. Serf: A Simple, Effective, Robust, and Fast Image Super-Resolver from Cascaded Linear Regression[J]. IEEE Transactions on Image Processing, 2016, 25(9):4091-4102.

[11] CUI Z, CHANG H, SHAN S, et al. Deep Network Cascade for Image Super Resolution[C]//European Conference on Computer Vision, 2014:49-64.

[12] HU Y, GAO X, LI J, et al. Single Image Super-Resolution via Cascaded Multi-Scale Cross Network[J]. arXiv preprint arXiv:1802.08808, 2018.

[13] ZHONG Z, SHEN T,YANG Y, et al. Joint Sub-Bands Learning with Clique Structures for Wavelet Domain Super-Resolution[C]//Advances in Neural Information Processing Systems, 2018:165-175.

[14] GUO C, LI C, GUO J, et al. Hierarchical Features Driven Residual Learning for Depth Map Super-Resolution[J]. IEEE Transactions on Image Processing, 2018, 28(5): 2545-2557.

[15] CHANG C Y, CHIEN S Y. Multi-Scale Dense Network for Single-Image Super Resolution[C]//ICASSP 2019-2019 IEEE International Conference on Acoustics, Speech and Signal Processing (ICASSP), 2019:1742-1746.

[16] ZHANG Y, LI K, LI K, et al. Image Super-Resolution Using Very Deep Residual Channel Attention Networks[C]//Proceedings of the European Conference on Computer Vision (ECCV), 2018:286-301.

[17] ZHAO L, BAI H, LIANG J, et al. Simultaneous Color-Depth Super-Resolution with Conditional Generative Adversarial Networks[J]. Pattern Recognition, 2019, 88:356-369.

[18] ZHANG Y, TIAN Y, KONG Y, et al. Residual Dense Network for Image Super Resolution[C]//Proceedings of the IEEE Conference on Computer Vision and Pattern Recognition, 2018:2472-2481.

[19] LI F, BAI H, ZHAO Y. Detail-Preserving Image Super-Resolution via Recursively Dilated Residual Network[J]. Neurocomputing, 2019, 358:285-293.

[20] HUI Z, WANG X, GAO X. Fast and Accurate Single Image Super-Resolution via Information Distillation Network[C]//Proceedings of the IEEE Conference on Computer Vision and Pattern Recognition, 2018:723-731.

[21] CHOI J H, KIM J H, CHEON M, et al. Lightweight and Efficient Image Super Resolution with Block State-Based Recursive Network[J]. arXiv preprint arX

iv:1811.12546, 2018.
[22] LI Y, AGUSTSSON E, GU S, et al. Carn: Convolutional Anchored Regression Network for Fast and Accurate Single Image Super-Resolution[C]//Proceedings of the European Conference on Computer Vision (ECCV), 2018.
[23] CHENG M, SHU Z, HU J, et al. Single Image Super-Resolution via Laplacian Information Distillation Network[C]//2018 7th International Conference on Digital Home (ICDH), 2018:24-30.
[24] YANG W, WANG W, ZHANG X, et al. Lightweight Feature Fusion Network for Single Image Super-Resolution[J]. IEEE Signal Processing Letters, 2019, 26(4):538-542.
[25] WANG C, LI Z, SHI J. Lightweight Image Super-Resolution with Adaptive Weighted Learning Network[J]. arXiv preprint arXiv:1904.02358, 2019.
[26] HE K, ZHANG X, REN S, et al. Deep Residual Learning for Image Recognition[C]// Proceedings of the IEEE Conference on Computer Vision and Pattern Recognition, 2016:770-778.
[27] KRIZHEVSKY A, SUTSKEVER I, HINTON G E. Imagenet Classification with Deep Convolutional Neural Networks[C]//Advances in Neural Information Processing Systems, 2012:1097-1105.
[28] SHI Y, WANG K, CHEN C, et al. Structure-Preserving Image Super-Resolution via Contextualized Multitask Learning[J]. IEEE Transactions on Multimedia, 2017, 19(12):2804-2815.
[29] AHN N, KANG B, SOHN K A. Image Super-Resolution via Progressive Cascading Residual Network[C]//Proceedings of the IEEE Conference on Computer Vision and Pattern Recognition Workshops, 2018:791-799.
[30] HU Y, LI J, HUANG Y, et al. Channel-Wise and Spatial Feature Modulation Network for Single Image Super-Resolution[J]. IEEE Transactions on Circuits and Systems for Video Technology, 2019, 10.1109/TCSVT.2019.2915238.
[31] REN H, EL-KHAMY M, LEE J. Image Super Resolution Based on Fusing Multiple Convolution Neural Networks[C]//Proceedings of the IEEE Conference on Computer Vision and Pattern Recognition Workshops, 2017:54-61.
[32] AGUSTSSON E, TIMOFTE R. Ntire 2017 Challenge on Single Image Super-Resolution: Dataset and Study[C]//Proceedings of the IEEE Conference on

Computer Vision and Pattern Recognition Workshops, 2017:126-135.

[33] BEVILACQUA M, ROUMY A, GUILLEMOT C, et al. Low-Complexity Single-Image Superresolution Based on Nonnegative Neighbor Embedding[C]//Proceedings of the 23rd British Machine Vision Conference, 2012:1-10.

[34] YANG J, WRIGHT J, HUANG T S, et al. Image Super-Resolution via Sparse Representation[J]. IEEE Transactions on Image Processing, 2010, 19(11):2861-2873.

[35] MARTIN D, FOWLKES C, TAL D, et al. A Database of Human Segmented Natural Images and Its Application to Evaluating Segmentation Algorithms and Measuring Ecological Statistics[C]//Proceedings Eighth IEEE International Conference on Computer Vision. ICCV 2001, 2001, 2:416-423.

[36] XU J, LI H, LIANG Z, et al. Real-World Noisy Image Denoising: A New Benchmark[J]. arXiv preprint arXiv:1804.02603, 2018.

[37] ZHANG K, ZUO W, CHEN Y, et al. Beyond a Gaussian Denoiser: Residual Learning of Deep CNN for Image Denoising[J]. IEEE Transactions on Image Processing, 2017, 26(7):3142-3155.

[38] SINGH P, VERMA V K, RAI P, et al. Hetconv: Heterogeneous Kernel-Based Convolutions for Deep CNNs[C]//Proceedings of the IEEE Conference on Computer Vision and Pattern Recognition, 2019:4835-4844.

[39] TIMOFTE R, DE SMET V, VAN GOOL L. A+: Adjusted Anchored Neighborhood Regression for Fast Super-Resolution[C]//Asian Conference on Computer Vision, 2014:111-126.

[40] HUANG J B, SINGH A, AHUJA N. Single Image Super-Resolution from Transformed Self-exemplars[C]//Proceedings of the IEEE Conference on Computer Vision and Pattern Recognition, 2015:5197-5206.

[41] WANG Z, LIU D, YANG J, et al. Deep Networks for Image Super-Resolution with Sparse Prior[C]//Proceedings of the IEEE International Conference on Computer Vision, 2015:370-378.

[42] MAO X, SHEN C, YANG Y B. Image Restoration Using Very Deep Convolutional Encoder-Decoder Networks with Symmetric Skip Connections[C]//Advances in Neural Information Processing Systems, 2016:2802-2810.

[43] CHEN Y, POCK T. Trainable Nonlinear Reaction Diffusion: A Flexible Framework for Fast and Effective Image Restoration[J]. IEEE Transactions on Pattern Analysis and Machine Intelligence, 2016, 39(6):1256-1272.

[44] LU Z, YU Z, YALI P, et al. Fast Single Image Super-Resolution via Dilated Residual Networks[J]. IEEE Access, 2018, 7:109729-109738.

[45] DONG C, LOY C C, HE K, et al. Image Super-Resolution Using Deep Convolutional Networks[J]. IEEE Transactions on Pattern Analysis and Machine Intelligence, 2015, 38(2):295-307.

[46] KIM J, KWON LEE J, MU LEE K. Deeply-Recursive Convolutional Network for Image Super-Resolution[C]//Proceedings of the IEEE Conference on Computer Vision and Pattern Recognition, 2016:1637-1645.

[47] LAI W S, HUANG J B, AHUJA N, et al. Deep Laplacian Pyramid Networks for Fast and Accurate Super-Resolution[C]//Proceedings of the IEEE Conference on Computer Vision and Pattern Recognition, 2017:624-632.

[48] TAI Y, YANG J, LIU X. Image Super-Resolution via Deep Recursive Residual Network[C]//Proceedings of the IEEE Conference on Computer Vision and Pattern Recognition, 2017:3147-3155.

[49] FAN Y, SHI H, YU J, et al. Balanced Two-Stage Residual Networks for Image Super Resolution[C]//Proceedings of the IEEE Conference on Computer Vision and Pattern Recognition Workshops, 2017:161-168.

[50] TAI Y, YANG J, LIU X, et al. Memnet: A Persistent Memory Network for Image Restoration[C]//Proceedings of the IEEE International Conference on Computer Vision, 2017:4539-4547.

[51] WANG Y, WANG L, WANG H, et al. End-to-End Image Super-Resolution via Deep and Shallow Convolutional Networks[J]. IEEE Access, 2019, 7:31959-31970.

[52] HUI Z, WANG X, GAO X. Two-Stage Convolutional Network for Image Super Resolution[C]//2018 24th International Conference on Pattern Recognition (ICPR), 2018:2670-2675.

[53] YANG X, MEI H, ZHANG J, et al. Drfn: Deep Recurrent Fusion Network for Singleimage Super-Resolution with Large Factors[J]. IEEE Transactions on Multimedia, 2018, 21(2):328-337.

[54] LI Z, YANG J,LIU Z, et al. Feedback Network for Image Superresolution[C]//

Proceedings of the IEEE Conference on Computer Vision and Pattern Recognition, 2019:3867-3876.

[55] TIAN C, XU Y, LI Z, et al. Attention-Guided CNN for Image Denoising[J]. Neural Networks, 2020, 124:117-129.

[56] HORE A, ZIOU D. Image Quality Metrics: Psnr Vs. Ssim[C]//2010 20th International Conference on Pattern Recognition, 2010:2366-2369.

[57] WANG Z, BOVIK A C, SHEIKH H R, et al. Image Quality Assessment: From Error Visibility to Structural Similarity[J]. IEEE Transactions on Image Processing, 2004, 13(4):600-612.

第6章

基于异构组卷积神经网络的图像超分辨率方法

6.1 引言

SISR旨在根据给定的LR图像获得相应的HR图像，并生成更自然和真实的纹理，对完成高级视觉任务非常有益，如图像分类和目标检测。由于逆问题存在不适定性，因此SISR技术利用具有先验知识的退化模型取得了巨大成功。例如，$L = H\downarrow_s$，其中，L和s分别代表低分辨率图像与上采样因子，H代表预测的高清图像。因此，可将SISR方法总结为3个范式，即插值方法、优化方法和判别学习方法。插值方法主要依赖双线性或双三次插值操作从LR图像映射到HR图像。虽然该方法简单高效，但在SISR方面性能较差。为解决这个问题，可使用优化方法和自然图像，以先验知识引导SR模型。例如，使用稀疏先验知识获得线性组合可以有效预测HR图像。然而，优化方法获得的灵活工作模式可能以延长时间为代价。此外，该方法可能还需要手动设置参数以实现良好的SR性能。判别学习方法由于具有较强的高效性和灵活性而得到了广泛发展。CNN凭借其灵活的端到端架构在SISR中被应用。SR方法可分为两类：基于高频结构信息和低频结构信息的SR方法。基于高频结构信息的SR方法要求CNN的输入和输出具有相同的尺寸，导致需要通过双三次插值操作将给定的LR图像转换为HR图像，将其作为训练图像来构建SR模型。因此，使用残差学习操作和堆叠小滤波器尺寸实现VDSR网络结构，以获得较好的视觉效果。对于网络深层结构，CNN面临训练困难的问题。为克服此问题，引入递归学习和残差学习技术来加快训练速度。例如，DRCN通过残差学习技术集成分层信息，以防止出现梯度爆炸和梯度消失问题，并有利于提供准确特征。通过跳跃连接融合全局和局部信息可增强 SISR 的学习能力。此外，利用新的组件（如递归单元和门单元）获取多级表示可提高预测图像质量。虽然这些方法在 SISR 方面优于传统方法，但它们可能具有较高的复杂度。为解决此问题，基于低频结构信息的 SR 方法被提出，即直接将 LR 图像输入 CNN，使用深层上采样操作放大得到的低频特征，并训练一个 SR 模型。例如，设计可变形和注意力机制来增强 CNN 提取显著低频纹理信息的能力以改善视觉效果。虽然这些方法在 SISR 方面取得了显著的成果，但它们仅通过残差学习或级联操作粗略地融合分层特征，导致简化的特征无法很好地表示高质量图像，使得在复杂场景下，SISR 的鲁棒性较差。

本章介绍一种异构组超分辨率卷积神经网络（Heterogeneous Group SR CNN，HGSRCNN），它主要使用异构组块（Heterogeneous Grouping Block，HGB）整合不同类型的结构信息，获得 HR 图像。每个 HGB 都使用异构架构，由对称组卷积块和互补卷积块组成，以并行方式增强不同通道的内部和外部交互，从而获得更有代表性的结构信息。此外，HGSRCNN 还利用一种具有串行方式的细化块（Refinement Block，RB）消除无效信息，提高训练效率。为了避免原始信息丢失的问题，HGSRCNN 采用多级增强机制指导 CNN 构建对称架构，逐步强化 HGSRCNN 信息在 SISR 中的表示。同时，它利用并行上采样机制训练盲 SR 模型。HGSRCNN 的主要贡献如下。

（1）52 层 HGSRCNN 使用异构架构和细化块增强不同通道的内部和外部交互，并通过并行方式和串行方式获得丰富的结构信息，使得它非常适用于复杂场景的 SISR。

（2）多级增强机制引导 CNN 实现对称架构，逐步强化 SISR 中的结构信息。

（3）HGSRCNN 在 SISR 中获得了具有竞争力的执行速度，即在恢复 1024×1024 高质量图像时，其运行时间仅为 RDN 的 4.58%和 SRFBN 的 4.27%。

6.2　相关技术

6.2.1　基于结构特征增强的图像超分辨率方法

CNN 由于具有强大的表示能力而在 SISR 中得到了广泛应用。值得注意的是，CNN 会受网络深层结构的影响。为解决此问题，采用增强网络深层结构特征的方法，以促进浅层和深层之间的交互。这种方法通常分为两类：高频和低频结构特征增强。

高频结构特征增强分为两个阶段：第一阶段用双三次插值或双线性插值操作将受损 LR 图像放大为高频图像；第二阶段使用残差学习或串联操作设计 CNN 来整合高频结构特征，从而提取更丰富的结构信息。受此启发，Kim 等提出了基于 VGG 的深层网络。它首先通过小滤波器获得高频结构信息，使用残差学习技术来增强所获得的结构信息，提高超分辨率图像的清晰度；然后通过共享参数方式递归 CNN，将浅层结构特征传递到最终层，以提高预测图像的清晰度。受上述高频结构特征增强的启发，一种多路径残差 CNN 使用全局和局部残差学习操作融合结构特征，提高深层网络在 SISR 中的学习能力。此外，运用跳跃连接操作将多个卷积层和反卷积层连接起来以实现对称网络，也可在 SISR 中获得更详细的结构特征。这些技术在 SISR 中取得了出色的性能，但由于训练图像尺寸较大，因此面临着较高的计算成本。为解决这个问题，有学者提出了低频结构特征增强方法。

低频结构特征增强方法先直接将受损 LR 图像通过残差学习操作输入 CNN，提取低频结构特征；然后使用上采样技术处理低频结构特征，预测高质量图像。例如，残差稠密网络反复使用残差学习技术，以优化不同网络层间的信息流动和特征融合，从而提取更准确的低频结构特征；多路径残差网络通过不同路径融合层次特征，以增强其在 SISR 中的低频结构信息的鲁棒性。此外，为提高训练效率，研究者还提出了更多细化网络。级联网络使用许多较小的滤波器（如 1×1 的卷积），利用多个快捷连接高效地挖掘不同类型的结构信息，获得 SR 模型的强大表示能力。一种粗粒度到细粒度超分辨率卷积神经网络应用残差学习和串联技术在异构结构中分别增强低频与高频结构信息，增强训练稳定性并追求出色的 SR 性能。上述研究表明，整合不同的结构特征对 SISR 有用。受深度网络的训练策略和信号处理知识的启发，HGSRCNN 设计了一种多样化网络结构，增强网络中同级别结构信息的内部交互，优化对上下文信息的利用，从而显著提升 SISR 的性能。

6.2.2 基于通道增强的图像超分辨率方法

鉴于深层次网络结构有较大的训练难度，应用残差学习和跳跃连接技术传递浅层网络记忆，以获得更多高质量图像的细节信息，这些方法粗略地融合层次特征，提高 SR 模型的泛化能力，可能带来巨大的计算负担。为了解决此问题，使用具有不同通道的深度 CNN 对 SISR 进行探索。相关策略主要分为两类：局部通道策略和全局通道策略。

局部通道策略利用注意力技术对所有通道进行分割，提取显著信息以突出 SISR 中的关键通道，从而提高 SR 模型的训练效率。例如，Zhang 等使用残差通道注意力机制增强了不同通道之间的依赖关系，并自适应地过滤丰富的低频特征，以提高 SISR 的性能；Niu 等应用由层注意力模块和通道-空间注意力模块组成的整体注意力机制，以增强不同层次、通道和位置的相关性，从而在 SISR 中获得更有用的信息。

全局通道策略通过残差学习和跳跃连接技术直接合并各层次通道信息，在 SISR 中挖掘丰富的低频结构特征。使用组卷积和 1×1 小滤波器密集网络结构去除冗余参数，增强不同通道之间的关系，逐步获得有效信息。Jain 等将组卷积技术和剪枝思想统一到一个框架中，抛弃无效信息，缩短预测 HR 图像的测试时间。另外，该策略还通过在所有步骤中分割卷积操作来聚合所获得的特征，以有效提取判别信息，如边缘、角点和纹理，从而实现更好的视觉效果。通过分割操作将 CNN 分为两个子网络，分别学习强大的层次通道特征，以增强图像中不同通道之间的互补性。

上述研究表明，通过聚合多样化信息并增强网络内部不同通道之间的交互能够显著提升 SISR 的性能。HGSRCNN 设计了一个对称架构，通过两个增强分支来加强不同通道之间的内部连接。此外，HGSRCNN 还利用一个补充块来学习通道特征，以实现内部和外部通道的互补，获得更丰富的 SISR 结构信息。

6.3　面向图像超分辨率的异构组卷积神经网络

6.3.1　网络结构

面向图像超分辨率的异构组卷积神经网络包括 4 个组件：2 个带有 ReLU 的卷积层、6 个异构组块、1 个并行上采样机制和 1 个卷积层，其结构如图 6-1 所示。具体来说，每个异构组块以并行方式使用对称组卷积块和互补卷积块，以促进不同通道的内部和外部交互，强化丰富的低频结构信息。考虑到上述增强操作和深度 CNN 训练的冗余特征，在 HGB 中引入具有信号增强作用的细化块来去除无效信息并加速训练。为了防止原始信息丢失，两个增强分支被嵌入 HGB，以实现局部对称架构，从而逐步学习 SISR 低频结构特征。此外，HGSRCNN 还采用多尺度并行上采样机制来训练盲超分辨率模型。HGSRCNN 在学习到有效的特征表示后，采用信号卷积层构建 HR 图像。HGSRCNN 有 52 层结构，包括 2 个具有 ReLU 的卷积层、48 个 HGB 层、1 个并行上采样机制层和 1 个卷积层。其中，上述使用 ReLU 的卷积层分别被设置为第 1 层和第 50 层，即图 6-1 中的 Conv+ReLU，第一个 Conv+ReLU 可以通过卷积操作从 LR 图像中获得低频结构特征，利用 ReLU 激活函数将获得的线性特征映射为非线性特征。此外，输入通道数为 3，滤波器尺寸为 3×3，输出通道数为 64。6 个 HGB 通过并行和串行方式增强不同通道的内部和外部交互，从而提取更丰富的低频结构信息。每个 HGB 的输入通道数为 64、滤波器尺寸为 3×3、输出通道数为 64。为避免上述两个增强分支出现过度增强现象，第二个 Conv+ReLU 用于去除冗余低频结构特征，其参数设置与 HGB 相同，具体为两个增强分支（多级增强机制）通过残差学习操作分别作用于第 1、6 个 HGB 末端和第 2、5 个 HGB 末端。HGSRCNN 采用并行上采样机制使模型能够将提取的低频结构特征转化为高频结构特征。HGSRCNN 支持通过一个切换机制在训练过程中同时处理 3 种不同的尺度（上采样因子为 2、3 和 4），以训练盲超分辨率模型。在网络的最后阶段，HGSRCNN 利用一个信号卷积层对得到的高频结构特征进行处理，以重构高质量图像。其中，信号卷积层的输入和输出通道数均为 3，滤波器尺寸为 3×3。为便于理解 HGSRCNN 的工作流程，定义一些参数：令 $P_{\rm LR}$ 和 $P_{\rm SR}$ 分别表示给定 LR 图像与 HGSRCNN 预测 HR 图像，C 和 R 分别表示卷积运算与 ReLU 激活函数，HGB 被定义为异构组块函数，RL 被视为残差学习操作，PUM 表示并行上采样机制。根据上述定义，输出可以表示为

$$\begin{aligned} P_{\rm SR} &= {\rm HGSRCNN}\left(P_{\rm LR}\right) \\ &= C\left({\rm PUM}\left(R\left(C\left({\rm GE}_2\left({\rm HGB}\left({\rm GE}_1\left({\rm HGB}_5\left(O_1\right)\right)\right)\right)\right)\right)\right)\right) \end{aligned} \tag{6-1}$$

式中，${\rm GE}_1$ 和 ${\rm GE}_2$ 分别表示 HGB 的第 1、2 个增强操作；$O_1 = R\left[C\left(P_{\rm LR}\right)\right]$。

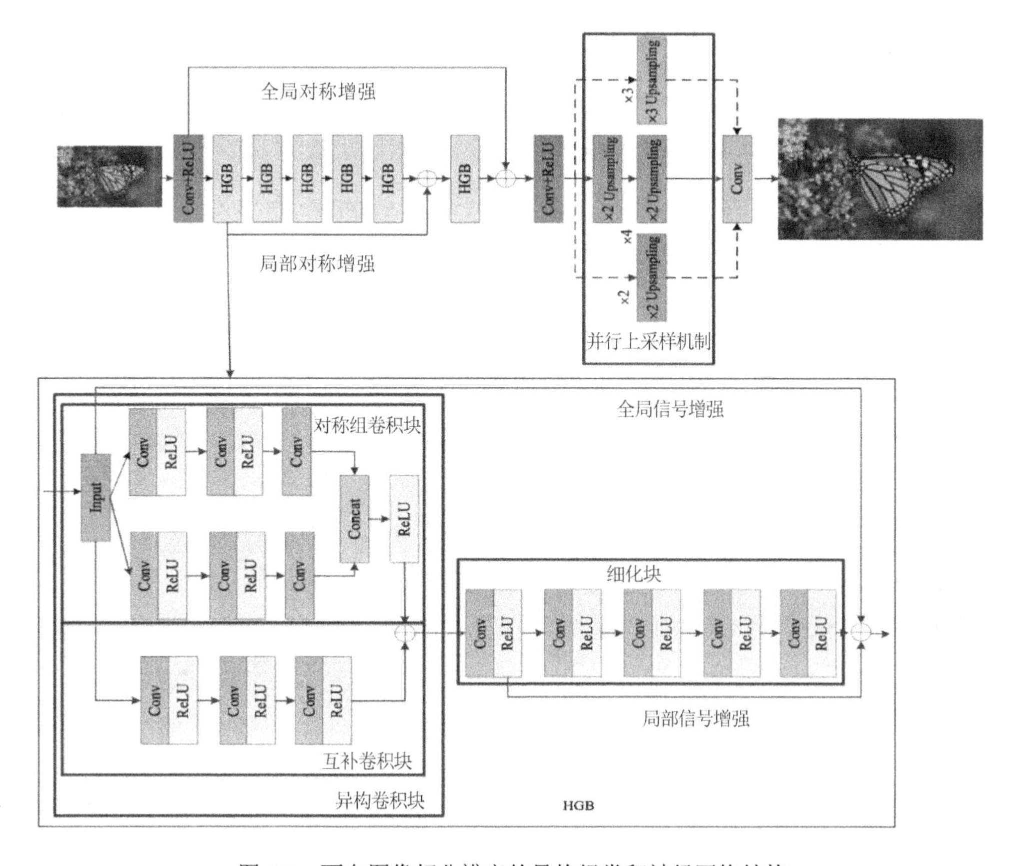

图 6-1 面向图像超分辨率的异构组卷积神经网络结构

6.3.2 损失函数

为公平地优化 HGSRCNN 参数，将 MSE 作为损失函数用在 SISR 中，以训练 HGSRCNN 模型。HGSRCNN 先使用给定的 LR 图像 P_{LR} 作为输入，以获得预测 HR 图像 P_{SR}；再使用 MSE 损失函数计算获得的预测 HR 图像 P_{SR} 与给定的 HR 图像 P_{HR} 之间的差异，从而优化参数。这个过程可以表示为

$$\mathrm{LO}(p)=\frac{1}{2N}\sum_{j=1}^{N}\left\|\mathrm{HGSRCNN}\left(P_{\mathrm{LR}}^{j}\right)-P_{\mathrm{HR}}^{j}\right\|^{2} \tag{6-2}$$

式中，LO 是 MSE 损失函数；P_{LR}^{j} 和 P_{HR}^{j} 分别表示第 j 个 LR 与 HR 图像；N 表示训练图像的数量；p 表示训练 HGSRCNN 模型的参数集。

6.3.3 异构组块

为通过一种新的异构架构提供更有代表性的不同类型的结构信息，增强不同通道的内部和外部交互，提高 SR 的性能和效率，HGSRCNN 使用 8 层 HGB。此外，为了避免特征冗余，RB 用于进一步学习更精确的特征。将信号增强设计融入 RB，通过整合 SISR 全局和局部低频结构信息，为深层提供浅层补充信息。HGB 的详细信息如下。

SR 方法仅通过融合通道特征来增强 SR 模型的性能，还可能增强冗余特征的重要性，从而延长 SR 模型的收敛时间。为解决这个问题，HGB 通过强化不同通道之间的交互来有效提取低频结构信息，从而提升 SR 模型的性能和效率。具体而言，HGB 由两部分组成：异构卷积块和 RB（细化块），如图 6-1 所示。

异构卷积块：3 层异构卷积块由对称组卷积块和互补卷积块组成，用于增强不同通道的内部和外部交互，提取稳定的低频结构信息。在增强不同通道内部关系方面，对称组卷积块中的两个 3 层子网络分别学习分割通道的代表性信息，并通过连接操作整合特征，增强它们在 SISR 内部的相关性。具体而言，每个子网络的每一层都是 Conv+ReLU。此外，每层输入和输出通道数均为 32。使用的 CNN 滤波器尺寸为 3×3。此外，对称组卷积块的输出通道数为 64，通过连接两个子网络获得。

使用分割操作将当前异构卷积块的输入分为两部分（I_i^U 和 I_i^L），分别作为对称组卷积块中两个子网络的输入，即

$$I_i^U = \begin{cases} \frac{U}{2} O_1 \\ \frac{U}{2} O_{i-1} \end{cases} \tag{6-3}$$

$$I_i^L = \begin{cases} \frac{L}{2} O_1 \\ \frac{L}{2} O_{i-1} \end{cases} \tag{6-4}$$

式中，I_i^U 和 I_i^L 分别表示所有通道特征的上半部分与下半部分；O_{i-1} 表示第 i−1 层输出，且 $i \geqslant 2$，O_1 表示 HGSRCNN 的第 1 层输出；$\frac{U}{2}$ 和 $\frac{L}{2}$ 分别为来自上半部分与下半部分的通道分割操作。在使用分割操作得到 I_i^U 和 I_i^L 后，将其输入对称组卷

积块的两个子网络。对称组卷积块的两个子网络对 I_i^U 和 I_i^L 的处理过程可以表示为

$$O_i^{\text{SGCB}} = R\left(\text{Concat}\left(C\left(R\left(C\left(R\left(C\left(I_i^U\right)\right)\right)\right)\right), C\left(R\left(C\left(R\left(C\left(I_i^L\right)\right)\right)\right)\right)\right)\right) \tag{6-5}$$

在第 i-1 个 HGB 块（$2 \leqslant i \leqslant 7$）中，$O_i^{\text{SGCB}}$ 是对称组卷积块的输出，Concat 表示连接操作，如图 6-1 所示。O_i^{SGCB} 的输出通道数为 64。

设计一个 3 层互补卷积块，将其作为对称组卷积块的补充，以增强对称组卷积块在 SISR 中获得特征的外部相关性。每个互补卷积块由 Conv + ReLU 组成，每层的输入通道数、输出通道数和滤波器尺寸分别为 64、64 与 3×3。

互补卷积块对输入特征的处理过程可以表示为

$$O_i^{\text{CCB}} = R\left(C\left(R\left(C\left(R\left(C\left(I_i\right)\right)\right)\right)\right)\right) \tag{6-6}$$

式中，I_i 是上一层输出，当上一层是第 1 层时，$I_i = O_1$，否则 $I_i = O_{i-1}$（$2 \leqslant i \leqslant 7$）；$O_i^{\text{CCB}}$ 是第 i-1 个 HGB 中的互补卷积块的输出。随后，使用残差学习操作将对称组卷积块和互补卷积块的输出融合，并将其作为异构卷积块的输出，可以表示为

$$O_i^{\text{HCB}} = O_i^{\text{SGCB}} + O_i^{\text{CCB}} \tag{6-7}$$

式中，O_i^{HCB} 表示第 i-1 个 HGB 中的异构卷积块的输出，充当 RB；“+”表示残差学习操作，即图 6-1 中的“$\oplus$”。

RB：为降低来自异构卷积块的冗余信息的重要性，设计 5 层 RB，每层由 Conv + ReLU 组成，其采用 64 个输入通道、64 个输出通道和 3×3 滤波器。为增强 SISR 中浅层对深层的记忆能力，将信号增强操作引入 RB。具体而言，信号增强操作包括全局信号增强和局部信号增强。全局信号增强利用残差学习技术将异构卷积块的输入和 RB 的输出融合；局部信号增强利用残差学习技术将 RB 第 1 层的输出和 RB 的输出融合，可以表示为

$$\begin{aligned} O_i^{\text{HGB}} &= R\left(C\left(R\left(C\left(R\left(C\left(R\left(C\left(O_i^{\text{HCB}}\right)\right)\right)\right)\right)\right)\right)\right) + R\left(C\left(O_i^{\text{HCB}}\right)\right) + I_i \\ &= \text{HGB}\left(O_i^{\text{HCB}}\right) \end{aligned} \tag{6-8}$$

式中，O_i^{HCB} 是第 i-1 个 HGB 的输出。

6.3.4 多水平增强机制

在图 6-1 中，第 1 个增强分支（局部对称增强）通过残差学习操作将第 1 个

HGB 和第 5 个 HGB 的输出融合，并将其作为第 6 个 HGB 的输入，可以表示为

$$\begin{aligned} I_6 &= \mathrm{GE}_1\left[\mathrm{HGB}_5\left(O_1\right)\right] \\ &= O_5^{\mathrm{HGB}} + O_2^{\mathrm{HGB}} \end{aligned} \tag{6-9}$$

式中，GE_1 表示第 1 个增强分支函数；HGB_5 表示第 5 个 HGB 函数；I_6 表示第 6 个 HGB 的输入；O_2^{HGB} 和 O_5^{HGB} 分别表示第 2 个和第 5 个 HGB 的输出。

为进一步增强层级特征的重要性，设计第 2 个增强分支（全局对称增强），通过残差学习操作实现。第 2 个增强分支同时作用于 HGSRCNN 的 Conv+ReLU 和第 6 个 HGB，具体为

$$\begin{aligned} O_{\mathrm{HGBS}} &= \mathrm{GE}_2\left(O_6^{\mathrm{HGB}}\right) \\ &= O_1 + O_6^{\mathrm{HGB}} \end{aligned} \tag{6-10}$$

式中，O_{HGBS} 表示所有 HGB 的输出，并作为第 2 个 Conv＋ReLU 的输入；GE_2 表示第 2 个增强分支。第 2 个 Conv ＋ ReLU 用于防止 HGB 过度增强，并充当并行上采样机制。

6.3.5 并行上采样机制

由于 SR 逆问题具有不适定性，学者倾向于根据一定的比例建立 SR 模型。然而，LR 图像会受不同程度的破坏，导致大多数现有 SR 模型无法发挥作用。为解决这个问题，在 HGSRCNN 中使用带有灵活控制器的并行上采样机制，以实现盲 SR 模型。

并行上采样机制包括 3 个组件，即×2 上采样、×3 上采样和×4 上采样。并行上采样机制的架构如图 6-2 所示。具体而言，×2 上采样、×3 上采样和×4 上采样分别等于 Conv＋Shuffle×2、Conv＋Shuffle ×3 和 Conv＋Shuffle×4（也可以看作两个 Conv ＋ Shuffle×2）。×2 上采样通过执行卷积核大小为 3×3 的卷积操作和 Shuffle×2 实现，×3 上采样通过同样的卷积操作和 Shuffle×3 实现。每个组件的输入和输出通道数都是 64。因此，灵活控制器可以控制不同的组件，从而实现盲 SR 模型。如果灵活控制器的值为 0，则 3 个组件并行工作，在不同尺度（×2、×3 和×4）下训练 SR 模型，如图 6-2 中的实线部分所示。灵活控制器的值可扩展为 2、3 和 4，并获得具有特定尺度的 SR 模型，如图 6-2 中的虚线部分所示。输出可以表示为

$$O_{\text{PUM}} = \text{PUM}\left(O_{\text{HGBS}}\right) = \begin{cases} \text{PS}_2\left[C\left(O_{\text{HGBS}}^2\right)\right] \circ \text{PS}_3\left[C\left(O_{\text{HGBS}}^3\right)\right] \circ \text{PS}_2\left(C\left(\text{PS}_2\left(C\left(O_{\text{HGBS}}^4\right)\right)\right)\right), & i=0 \\ \text{PS}_i\left[C\left(O_{\text{HGBS}}^i\right)\right], & i=2,3,4 \end{cases} \tag{6-11}$$

式中，O_{PUM} 表示并行上采样机制的输出；O_{HGBS}^2、O_{HGBS}^3 和 O_{HGBS}^4 分别表示×2、×3、×4 的低频输出；PS_2、PS_3 和 PS_4 分别表示×2 上采样、×3 上采样、×4 上采样函数；“∘”表示并行操作；O_{HGBS}^i 和 PS_i 分别表示低频输出和上采样函数。O_{PUM} 表示 HGSRCNN 中最后一层的单一卷积层，可用于生成高质量图像，如式（6-12）所示。在参数设置中，将输入通道数、输出通道数和滤波器尺寸分别设为 64、3、3×3。

$$P_{\text{SR}} = C\left(O_{\text{PUM}}\right) \tag{6-12}$$

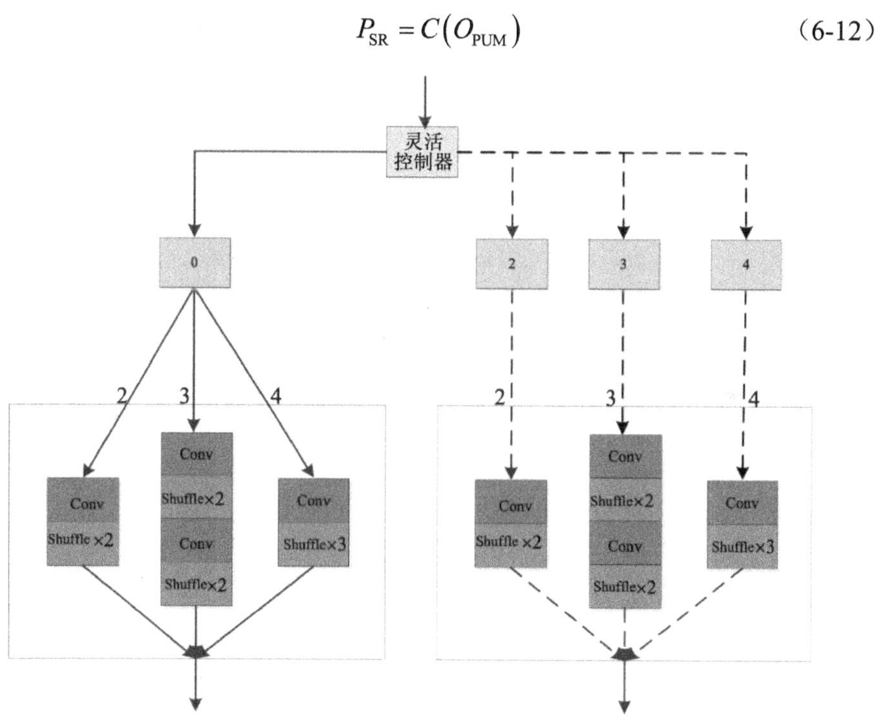

图 6-2　并行上采样机制的架构

实现 HGSRCNN 的示例代码如算法 6-1 所示。

算法 6-1　实现 HGSRCNN 的示例代码

```
import torch
```

```
import torch.nn as nn
import model.ops as ops

class MFCModule(nn.Module):
    def __init__(self,in_channels,out_channels,groups=1):
        super(MFCModule,self).__init__()
        kernel_size =3
        padding = 1
        features = 64
        features1 = 32
        distill_rate = 0.5
        self.distilled_channels = int(features*distill_rate)
        self.remaining_channels = int(features-self.distilled_
channels)
        self.conv1_1 = nn.Sequential(nn.Conv2d(in_channels=
features1,out_channels=featur es1,kernel_size=kernel_size,padding=
padding,groups=1,bias=False))
        self.conv2_1 = nn.Sequential(nn.Conv2d(in_channels=features1,
out_channels=featur es1,kernel_size=kernel_size,padding=padding,
groups=1,bias=False),nn.ReLU(inplace=True))
        self.conv3_1 = nn.Sequential(nn.Conv2d(in_channels=features1,
out_channels=featur es1,kernel_size=kernel_size,padding=padding,
groups=1,bias=False))
        self.conv1_1_1 = nn.Sequential(nn.Conv2d(in_channels=features,
out_channels=featur es, kernel_size=kernel_size,padding=padding,
groups=1,bias=False),nn.ReLU(inplace=True))
        self.conv2_1_1 = nn.Sequential(nn.Conv2d(in_channels=features,
out_channels=featur es,kernel_size=kernel_size,padding=padding,
groups=1,bias=False),nn.ReLU(inplace=True))
        self.conv3_1_1 = nn.Sequential(nn.Conv2d(in_channels=features,
out_channels=featur es,kernel_size=kernel_size,padding=padding,
groups=1,bias=False),nn.ReLU(inplace=True))
        self.conv4_1 = nn.Sequential(nn.Conv2d(in_channels=features,
out_channels=features, kernel_size=kernel_size,padding=padding,
groups=1,bias=False),nn.ReLU(inplace=True))
        self.conv5_1 = nn.Sequential(nn.Conv2d(in_channels=features,
out_channels=features, kernel_size=kernel_size,padding=padding,
groups=1,bias=False),nn.ReLU(inplace=True))
        self.conv6_1 = nn.Sequential(nn.Conv2d(in_channels=features,
out_channels=features, kernel_size=kernel_size,padding=padding,
groups=1,bias=False),nn.ReLU(inplace=True))
```

```
        self.conv7_1 = nn.Sequential(nn.Conv2d(in_channels=features,
out_channels=features, kernel_size=kernel_size,padding=padding,
groups=1,bias=False),nn.ReLU(inplace=True))
        self.conv8_1 = nn.Sequential(nn.Conv2d(in_channels=features,
out_channels=features, kernel_size=kernel_size,padding=padding,
groups=1,bias=False),nn.ReLU(inplace=True))
        self.ReLU = nn.ReLU(inplace=True)
    def forward(self,input):
        dit1,remain1 = torch.split(input,(self.distilled_channels,
self.remaining_channels), dim= 1)
        out1_1=self.conv1_1(dit1)
        out1_1_t = self.ReLU(out1_1)
        out2_1=self.conv2_1(out1_1_t)
        out3_1=self.conv3_1(out2_1)
        out1_2=self.conv1_1(remain1)
        out1_2_t = self.ReLU(out1_2)
        out2_2=self.conv2_1(out1_2_t)
        out3_2=self.conv3_1(out2_2)
        #out3 = torch.cat([out1_1,out3_1],dim=1)
        #out3_t = torch.cat([out1_2,out3_2],dim=1)
        out3_t = torch.cat([out3_1,out3_2],dim=1)
        out3 = self.ReLU(out3_t)
        #out3 = input+out3
        out1_1t = self.conv1_1_1(input)
        out1_2t1 = self.conv2_1_1(out1_1t)
        out1_3t1 = self.conv3_1_1(out1_2t1)
        out1_3t1 = out3+out1_3t1
        out4_1=self.conv4_1(out1_3t1)
        out5_1=self.conv5_1(out4_1)
        out6_1=self.conv6_1(out5_1)
        out7_1=self.conv7_1(out6_1)
        out8_1=self.conv8_1(out7_1)
        out8_1=out8_1+input+out4_1
        return out8_1

class Net(nn.Module):
   def __init__(self, **kwargs):
      super(Net, self).__init__()
      scale = kwargs.get("scale") #value of scale is scale.
      multi_scale = kwargs.get("multi_scale") # value of
multi_scale is multi _scale in args.
```

```
        group = kwargs.get("group", 1) #if valule of group isn't
given, group is 1.
        kernel_size = 3 #tcw 201904091123
        kernel_size1 = 1 #tcw 201904091123
        padding1 = 0 #tcw 201904091124
        padding = 1     #tcw201904091123
        features = 64   #tcw201904091124
        groups = 1       #tcw201904091124
        channels = 3
        features1 = 64
        self.sub_mean = ops.MeanShift((0.4488, 0.4371, 0.4040), sub=
True)
        self.add_mean = ops.MeanShift((0.4488, 0.4371, 0.4040), sub=
False)
        self.conv1_1 = nn.Sequential(nn.Conv2d(in_channels=channels,
out_channels=features, kernel_size=kernel_size,padding=padding,
groups=1,bias=False),nn.ReLU(inplace=True))
        self.b1 = MFCModule(features,features)
        self.b2 = MFCModule(features,features)
        self.b3 = MFCModule(features,features)
        self.b4 = MFCModule(features,features)
        self.b5 = MFCModule(features,features)
        self.b6 = MFCModule(features,features)
        self.ReLU=nn.ReLU(inplace=True)
        self.conv2 = nn.Sequential(nn.Conv2d(in_channels=features,
out_channels=features, kernel_size=kernel_size,padding=padding,
groups=1,bias=False),nn.ReLU(inplace=True))
        self.conv3 = nn.Sequential(nn.Conv2d(in_channels=features,
out_channels=3,kernel_ size=kernel_size,padding=padding,groups=1,
bias=False))
        self.upsample = ops.UpsampleBlock(64, scale=scale, multi_scale
=multi_scale, group=1)
    def forward(self, x, scale):
        x = self.sub_mean(x)
        x1 = self.conv1_1(x)
        b1 = self.b1(x1)
        b2 = self.b2(b1)
        b3 = self.b3(b2)
        b4 = self.b4(b3)
        b5 = self.b5(b4)
        b5 = b5+b1
```

```
        b6 = self.b6(b5)
        b6 = b6+x1
        x2 = self.conv2(b6)
        temp = self.upsample(x2, scale=scale)
        out = self.conv3(temp)
        out = self.add_mean(out)
        return out
```

6.4 实验结果与分析

6.4.1 数据集

训练集：为保证实验的公平性，使用流行的彩色图像数据集 DIV2K 训练 HGSRCNN 模型，该数据集包含 800 幅自然图像（训练样本）、100 幅自然图像（验证样本）和 100 幅自然图像（测试样本），涵盖了×2、×3 和×4 尺度。此外，为使得到的 SR 模型更稳定，采用以下数据增强方法来扩大训练集：首先，将来自相同尺度的训练集和验证集合并成一个新的训练集，用于训练 HGSRCNN 模型；其次，为提高 HGSRCNN 模型的训练效率，将每幅 LR 图像裁剪成大小为 81×81 的图像块；最后，对这些图像块进行随机水平翻转和 90° 旋转操作，以扩展训练样本。

测试集：受经典的 SR 方法［如轻量级增强 SRCNN（Lightweight Enhanced SRCNN，LESRCNN）、CARN 和 CSRCNN］的启发，将 4 个公共数据集作为测试数据集，包括 Set5、Set14、B100 和 U100，涵盖了×2、×3 和×4 尺度。Set5 和 Set14 数据集分别使用相同的数字设备捕捉 5 幅与 14 幅彩色图像。B100 和 U100 数据集分别包含 100 幅彩色图像，用于×2、×3 和×4 尺度测试。

为了确保公平，选择 YCbCr 空间中的 Y 通道进行实验。HGSRCNN 模型在预测 RGB 图像之前需要将其转换为 Y 通道图像，以测试 HGSRCNN 模型在图像 SR 任务上的性能。

6.4.2 实验设置

为了更好地训练盲模型，将初始参数设置如下：初始学习率为 1×10^{-4}，从第 553,000 步开始，每经过 4×10^5 步就将学习率减半一次；批量大小为 32，ε 为 1×10^{-8}，

β_1为 0.9，β_2为 0.999，并通过 Adam 优化器更新训练参数，其他初始参数可参考文献[18]和文献[22]。此外，还将灵活控制器的值设为 0 进行实验。

HGSRCNN 网络使用 PyTorch 1.2.0、Python 3.6.6 在 Ubuntu 16.04 系统上实现。此外，所有实验都依赖一台配置 16GB 内存的计算机，包括一块拥有 Intel Core i7-7800 的 GPU，以及两块拥有 Nvidia GeForce GTX 1080Ti 的 GPU。具体而言，所提到的 GPU 依赖 Nvidia CUDA 11.3 和 cuDNN 8.0 来提高执行速度。

6.4.3 方法分析

由于互补卷积块和对称组卷积块是并行的，因此将整个处理过程视为并行过程。在 U100 数据集上，不同 SR 方法在×2 尺度下的 PSNR 和 SSIM 如表 6-1 所示，实验结果验证了所述块的有效性。由表 6-1 可知，在 U100 数据集×2 尺度下，7 层普通卷积网络（NCN）在 PSNR 和 SSIM 方面比对称组卷积网络（SGCN）表现好。其中，NCN 由 5 层 Conv + ReLU、1 层并行上采样机制和 1 层 Conv 组成，SGCN 由 3 层对称组卷积块、1 层 Conv + ReLU、1 层并行上采样机制和 1 层 Conv 组成。

不同 SR 方法的复杂度如表 6-2 所示，SGCN 的参数量约为 NCN 的 71%。因此，对称组卷积块在性能和复杂度之间取得平衡。此外，在 U100 数据集×2 尺度下，不包括全局对称增强（Global Symmetrical Enhancement，GSE）、局部对称增强（Local Symmetrical Enhancement，LSE）、局部信号增强（Local Signal Enhancement，LOSE）和 RB 的 HGSRCNN 比不包括 GSE、LSE、LOSE、RB 和互补卷积块（Complementary Convolutional Block，CCB）的 HGSRCNN 在 PSNR 和 SSIM 方面有明显改善。不包括 GSE、LSE、LOSE 和 RB 的 HGSRCNN 比 NCN 的效果好，表明对称组卷积块和互补卷积块组合在 SISR 上更有效。虽然异构卷积块可以增强不同通道之间的关联，但可能包含冗余信息，影响训练速度。

为解决上述问题，RB 以串行方式学习更准确的低频结构信息。由 VGG 的原理可知，增加深度网络的深度可扩大感受野以挖掘更多有效信息。因此，堆叠 5 层 Conv + ReLU 构成一个 RB，其有效性可通过表 6-1 中比较不包括 GSE、LSE、LOSE 和 RB 的 HGSRCNN 及不包括 GSE、LSE 和 LOSE 的 HGSRCNN 得到验证。此外，网络越深，其性能可能越差。为解决这个问题，信号增强操作被集成在一个 HGB 中。

信号增强操作依赖两种信号增强方法，即 GOSE 和 LOSE。GOSE 利用残差学习技术将异构卷积块的输入和 RB 的输出融合。LOSE 利用残差学习技术将 RB 的第 1 层输出和 RB 的输出融合。不包括 LSE 和 GSE 的 HGSRCNN 在 U100 数据集×2 尺度下，在 PSNR 和 SSIM 方面优于不包括 GSE、LSE 和 LOSE 的 HGSRCNN。虽然 HGB 可有效挖掘低频结构信息，但忽视了不同 HGB 之间的关联。为防止这种现象出现，需要设计多层次增强机制。

多层次增强机制依赖两个增强分支，使得 HGSRCNN 逐步聚集低频结构特征，以实现 SISR 任务中的局部对称架构。在表 6-1 中，比较 HGSRCNN 和不包括 LSE 的 HGSRCNN，测试第一个增强分支（LSE）的效果；另外，HGSRCNN 比不包括 LSE 和 GSE 的 HGSRCNN 获得了更好的结果，说明了 GSE 在 SISR 中的重要性。

表 6-1　在 U100 数据集上，不同 SR 方法在×2 尺度下的 PSNR 和 SSIM

方法	PSNR（dB）	SSIM
NCN	30.59	0.9121
SGCN	30.42	0.9088
不包括 GSE、LSE、LOSE、RB 和 CCB 的 HGSRCNN	31.23	0.9186
不包括 GSE、LSE、LOSE 和 RB 的 HGSRCNN	31.74	0.9239
不包括 GSE、LSE 和 LOSE 的 HGSRCNN	32.15	0.9285
不包括 LSE 和 GSE 的 HGSRCNN	32.17	0.9288
不包括 LSE 的 HGSRCNN	32.20	0.9286
HGSRCNN	32.21	0.9292

表 6-2　不同 SR 方法的复杂度

方法	参数量（$\times 10^3$ 个）	FLOPs（$\times 10^9$）
SGCN	132.48	1.63
NCN	187.78	1.99

6.4.4　实验结果

为了从不同角度评估 HGSRCNN 的超分辨率效果，需要进行定量和定性分析。定量分析用于测试主流超分辨率方法 SR 的效果，包括 PSNR、SSIM、恢复高质量图像的运行时间、复杂度及特征相似性指数（Feature Similarity Index，FSIM）。不同方法在 Set5、Set14、B100 和 U100 这 4 个公共数据集的不同尺度（×2、×3 和×4）下进行测试。定性分析用于衡量不同 SR 方法的视觉效果。

（1）定量分析：表 6-3～表 6-6 列出了在 Set5、Set14、B100 和 U100 数据集上，不同 SR 方法的平均 PSNR 和 SSIM。由表 6-3～表 6-6 可知，HGSRCNN 在×2、×3 和×4 尺度下都取得了较好的结果。就小规模样本（Set5 和 Set14 数据集）而言，HGSRCNN 在 SISR 中表现出色。例如，在表 6-3 中，在×3 尺度下，HGSRCNN 在 Set5 数据集上的平均 PSNR 和 SSIM 分别比第二名 CARN 提高了 0.06dB 和 0.0005；在表 6-4 中，在×2 尺度下，HGSRCNN 在 Set14 数据集上的平均 PSNR 和 SSIM 分别比第二名 CARN 提高了 0.04dB 和 0.0009。对于大规模样本（B100 和 U100 数据集），HGSRCNN 在 SISR 中也获得了较好的效果。例如，在表 6-6 中，HGSRCNN 几乎在 U100 数据集的所有尺度上都获得了最佳效果。在×4 尺度下，尽管目前先进的 RDN、CSFM 和 SR 反馈网络（SR Feed-Back Network，SRFBN）在大规模样本（B100 数据集）上的平均 PSNR 和 SSIM 方面优于 HGSRCNN，但它们面临着更高的复杂度和更长的运行时间。不同 SR 方法在 B100 数据集×4 尺度下的平均 PSNR（dB）/SSIM 如表 6-7 所示。因此，HGSRCNN 在处理不同背景 LR 图像时表现更出色。

表 6-3　不同 SR 方法在 Set5 数据集上的平均 PSNR 和 SSIM

方法	PSNR（dB）/SSIM		
	×2	×3	×4
BiCubic	33.66/0.9299	30.39/0.8682	28.42/0.8104
A+	36.54/0.9544	32.58/0.9088	30.28/0.8603
RFL	36.54/0.9537	32.43/0.9057	30.14/0.8548
SESRM	36.49/0.9537	32.58/0.9093	30.31/0.8619
CSCN	36.93/0.9552	33.10/0.9144	30.86/0.8732
RED30	37.66/0.9599	33.82/0.9230	31.51/0.8869
DnCNN	37.58/0.9590	33.75/0.9222	31.40/0.8845
TNRD	36.86/0.9556	33.18/0.9152	30.85/0.8732
FDSR	37.40/0.9513	33.68/0.9096	31.28/0.8658
SRCNN	36.66/0.9542	32.75/0.9090	30.48/0.8628
FSRCNN	37.00/0.9558	33.16/0.9140	30.71/0.8657
RCN	37.17/0.9583	33.45/0.9175	31.11/0.8736
VDSR	37.53/0.9587	33.66/0.9213	31.35/0.8838
DRCN	37.63/0.9588	33.82/0.9226	31.53/0.8854
CNF	37.66/0.9590	33.74/0.9226	31.55/0.8856
LapSRN	37.52/0.9590	—	31.54/0.8850

续表

方法	PSNR（dB）/SSIM		
	×2	×3	×4
IDN	37.83/0.9600	34.11/0.9253	31.82/0.8903
DRRN	37.74/0.9591	34.03/0.9244	31.68/0.8888
BTSRN	37.75/—	34.03/—	31.85/—
MemNet	37.78/0.9597	34.09/0.9248	31.74/0.8893
CARN-M	37.53/0.9583	33.99/0.9236	31.92/0.8903
CARN	37.76/0.9590	34.29/0.9255	32.13/0.8937
EEDSN+	37.78/0.9609	33.81/0.9252	31.53/0.8869
DRFN	37.71/0.9595	34.01/0.9234	31.55/0.8861
MSDEPC	37.39/0.9576	33.37/0.9184	31.05/0.8797
CSRCNN	37.79/0.9591	34.24/0.9256	32.06/0.8920
LESRCNN	37.65/0.9586	33.93/0.9231	31.88/0.8903
LESRCNN-S	37.57/0.9582	34.05/0.9238	31.88/0.8907
ACNet	37.72/0.9588	34.14/0.9247	31.83/0.8903
ACNet-B	37.60/0.9584	34.07/0.9243	31.82/0.8901
DIP-FKP	30.16/0.8637	28.82/0.8202	27.77/0.7914
DIP-FKP +USRNet	32.34/0.9308	30.78/0.8840	29.29/0.8508
KOALA	33.08/0.9137	—	30.28/0.8658
FALSR-B	37.61/0.9585	—	—
FALSR-C	37.66/0.9586	—	—
ESCN	37.14/0.9571	33.28/0.9173	31.02/0.8774
HDN	37.75/0.9590	34.24/0.9240	32.23/0.8960
HGSRCNN	37.80/0.9591	34.35/0.9260	32.13/0.8940

表 6-4　不同 SR 方法在 Set14 数据集上的平均 PSNR 和 SSIM

方法	PSNR（dB）/SSIM		
	×2	×3	×4
BiCubic	30.24/0.8688	27.55/0.7742	26.00/0.7027
A+	32.28/0.9056	29.13/0.8188	27.32/0.7491
RFL	32.26/0.9040	29.05/0.8164	27.24/0.7451
SESRM	32.22/0.9034	29.16/0.8196	27.40/0.7518
CSCN	32.56/0.9074	29.41/0.8238	27.64/0.7578
RED30	32.94/0.9144	29.61/0.8341	27.86/0.7718
DnCNN	33.03/0.9128	29.81/0.8321	28.04/0.7672
TNRD	32.51/0.9069	29.43/0.8232	27.66/0.7563

续表

方法	PSNR（dB）/SSIM		
	×2	×3	×4
FDSR	33.00/0.9042	29.61/0.8179	27.86/0.7500
SRCNN	32.42/0.9063	29.28/0.8209	27.49/0.7503
FSRCNN	32.63/0.9088	29.43/0.8242	27.59/0.7535
RCN	32.77/0.9109	29.63/0.8269	27.79/0.7594
VDSR	33.03/0.9124	29.77/0.8314	28.01/0.7674
DRCN	33.04/0.9118	29.76/0.8311	28.02/0.7670
CNF	33.38/0.9136	29.90/0.8322	28.15/0.7680
LapSRN	33.08/0.9130	29.63/0.8269	28.19/0.7720
IDN	33.30/0.9148	29.99/0.8354	28.25/0.7730
DRRN	33.23/0.9136	29.96/0.8349	28.21/0.7720
BTSRN	33.20/—	29.90/—	28.20/—
MemNet	33.28/0.9142	30.00/0.8350	28.26/0.7723
CARN-M	33.26/0.9141	30.08/0.8367	28.42/0.7762
CARN	33.52/0.9166	30.29/0.8407	28.60/0.7806
EEDSN+	33.21/0.9151	29.85/0.8339	28.13/0.7698
DRFN	33.29/0.9142	30.06/0.8366	28.30/0.7737
MSDEPC	32.94/0.9111	29.62/0.8279	27.79/0.7581
CSRCNN	33.51/0.9165	30.27/0.8410	28.57/0.7800
LESRCNN	33.32/0.9148	30.12/0.8380	28.44/0.7772
LESRCNN-S	33.30/0.9145	30.16/0.8384	28.43/0.7776
ACNet	33.41/0.9160	30.19/0.8398	28.46/0.7788
ACNet-B	33.32/0.9151	30.15/0.8386	28.41/0.7773
DIP-FKP	27.06/0.7421	26.27/0.6922	25.65/0.6764
DIP-FKP +USRNet	28.18/0.8088	27.76/0.7750	26.70/0.7383
KOALA	30.35/0.8568	—	27.20/0.7541
FALSR-B	33.29/0.9143	—	—
FALSR-C	33.26/0.9140	—	—
ESCN	32.67/0.9093	29.51/0.8264	27.75/0.7611
HDN	33.49/0.9150	30.23/0.8400	28.58/0.7810
HGSRCNN	33.56/0.9175	30.32/0.8413	28.62/0.7820

表 6-5 不同 SR 方法在 B100 数据集上的平均 PSNR 和 SSIM

方法	PSNR（dB）/SSIM		
	×2	×3	×4
BiCubic	29.56/0.8431	27.21/0.7385	25.96/0.6675
A+	31.21/0.8863	28.29/0.7835	26.82/0.7087

续表

方法	PSNR（dB）/SSIM		
	×2	×3	×4
RFL	31.16/0.8840	28.22/0.7806	26.75/0.7054
SESRM	31.18/0.8855	28.29/0.7840	26.84/0.7106
CSCN	31.40/0.8884	28.50/0.7885	27.03/0.7161
RED30	31.99/0.8974	28.93/0.7994	27.40/0.7290
DnCNN	31.90/0.8961	28.85/0.7981	27.29/0.7253
TNRD	31.40/0.8878	28.50/0.7881	27.00/0.7140
FDSR	31.87/0.8847	28.82/0.7797	27.31/0.7031
SRCNN	31.36/0.8879	28.41/0.7863	26.90/0.7101
FSRCNN	31.53/0.8920	28.53/0.7910	26.98/0.7150
VDSR	31.90/0.8960	28.82/0.7976	27.29/0.7251
DRCN	31.85/0.8942	28.80/0.7963	27.23/0.7233
CNF	31.91/0.8962	28.82/0.7980	27.32/0.7253
LapSRN	31.80/0.8950	—	27.32/0.7280
IDN	32.08/0.8985	28.95/0.8013	27.41/0.7297
DRRN	32.05/0.8973	28.95/0.8004	27.38/0.7284
BTSRN	32.05/—	28.97/—	27.47/—
MemNet	32.08/0.8978	28.96/0.8001	27.40/0.7281
CARN-M	31.92/0.8960	28.91/0.8000	27.44/0.7304
CARN	32.09/0.8978	29.06/0.8034	27.58/0.7349
EEDSN+	31.95/0.8963	28.88/0.8054	27.35/0.7263
DRFN	32.02/0.8979	28.93/0.8010	27.39/0.7293
MSDEPC	31.64/0.8961	28.58/0.7918	27.10/0.7193
CSRCNN	32.11/0.8988	29.03/0.8035	27.53/0.7333
LESRCNN	31.95/0.8964	28.91/0.8005	27.45/0.7313
LESRCNN-S	31.95/0.8965	28.94/0.8012	27.47/0.7321
ACNet	32.06/0.8978	28.98/0.8023	27.48/0.7326
ACNet-B	31.97/0.8970	28.97/0.8016	27.46/0.7316
DIP-FKP	26.72/0.7089	25.96/0.6660	25.15/0.6354
DIP-FKP +USRNet	28.61/0.8206	27.29/0.7484	25.97/0.6902
KOALA	29.70/0.8248	—	26.97/0.7172
FALSR-B	31.97/0.8967	—	—
FALSR-C	31.96/0.8965	—	—
ESCN	31.54/0.8909	28.58/0.7917	27.11/0.7197
HDN	32.03/0.8980	28.96/0.8040	27.53/0.7370
HGSRCNN	32.12/0.8984	29.09/0.8042	27.60/0.7363

表 6-6　不同 SR 方法在 U100 数据集上的平均 PSNR 和 SSIM

方法	PSNR（dB）/SSIM		
	×2	×3	×4
BiCubic	26.88/0.8403	24.46/0.7349	23.14/0.6577
A+	29.20/0.8938	26.03/0.7973	24.32/0.7183
RFL	29.11/0.8904	25.86/0.7900	24.19/0.7096
SESRM	29.54/0.8967	26.44/0.8088	24.79/0.7374
RED30	30.91/0.9159	27.31/0.8303	25.35/0.7587
DnCNN	30.74/0.9139	27.15/0.8276	25.20/0.7521
TNRD	29.70/0.8994	26.42/0.8076	24.61/0.7291
FDSR	30.91/0.9088	27.23/0.8190	25.27/0.7417
SRCNN	29.50/0.8946	26.24/0.7989	24.52/0.7221
FSRCNN	29.88/0.9020	26.43/0.8080	24.62/0.7280
VDSR	30.76/0.9140	27.14/0.8279	25.18/0.7524
DRCN	30.75/0.9133	27.15/0.8276	25.14/0.7510
LapSRN	30.41/0.9100	—	25.21/0.7560
IDN	31.27/0.9196	27.42/0.8359	25.41/0.7632
DRRN	31.23/0.9188	27.53/0.8378	25.44/0.7638
BTSRN	31.63/—	27.75/—	25.74/—
MemNet	31.31/0.9195	27.56/0.8376	25.50/0.7630
CARN-M	30.83/0.9233	26.86/0.8263	25.63/0.7688
CARN	31.51/0.9312	27.38/0.8404	26.07/0.7837
DRFN	31.08/0.9179	27.43/0.8359	25.45/0.7629
CSRCNN	32.07/0.9273	28.04/0.8496	26.03/0.7824
LESRCNN	31.45/0.9206	27.70/0.8415	25.77/0.7732
LESRCNN-S	31.45/0.9207	27.76/0.8424	25.78/0.7739
ACNet	31.79/0.9245	27.97/0.8482	25.93/0.7798
ACNet-B	31.57/0.9222	27.88/0.8447	25.86/0.7760
DIP-FKP	24.33/0.7069	23.47/0.6588	22.89/0.6327
DIP-FKP +USRNet	26.46/0.8203	24.84/0.7510	23.89/0.7078
KOALA	27.19/0.8318	—	24.71/0.7427
FALSR-B	31.28/0.9191	—	—
FALSR-C	31.24/0.9187	—	—
HDN	31.87/0.9250	27.93/0.8490	26.09/0.7870
HGSRCNN	32.21/0.9292	28.29/0.8546	26.27/0.7908

表 6-7　不同 SR 方法在 B100 数据集×4 尺度下的平均 PSNR 和 SSIM

方法	PSNR（dB）	SSIM
RDN	27.72	0.7419
CSFM	27.76	0.7432
SRFBN	27.72	0.7409
CSRCNN	27.53	0.7333
HGSRCNN	27.60	0.7363

数字设备对运行时间和复杂度有要求。因此，将 VDSR、DRRN、MemNet、RDN、SRFBN、CARN-M、CSRCNN 和 ACNet 与 HGSRCNN 进行比较，在尺寸为 256×256、512×512 和 1024×1024 时使用×2 尺度测试这些方法的运行时间。不同 SR 方法在×2 尺度下完成图像超分辨率任务的运行时间如表 6-8 所示，HGSRCNN 在 SISR 中有较快的执行速度，即 HGSRCNN 在预测尺寸为 1024×1024 的 HR 图像时，所需的运行时间仅为 RDN 的 4.58%和 SRFBN 的 4.27%。在复杂度方面，使用 VDSR 网络、DnCNN、DRCN、MemNet、CARN-M、CARN、CSFM、RDN、SRFBN、ACNet 和 HGSRCNN 对尺寸为 162×162 的 SR 图像进行实验，得到不同 SR 方法的复杂度，如表 6-9 所示，HGSRCNN 在参数量上仅为 134 层 RDN 的 9.93%和 384 层 CSFM 的 16.96%，但获得了近似的结果。此外，表 6-9 还显示 HGSRCNN 在 FLOPs 方面仅为 RDN 的 10.40%和 CSFM 的 17.70%。因此，从 PSNR、SSIM、运行时间和复杂度的角度来看，HGSRCNN 是有效的 SR 工具。

表 6-8　不同 SR 方法在×2 尺度下完成图像超分辨率任务的运行时间

方法	运行时间（s）		
	256×256	512×512	1024×1024
VDSR	0.0172	0.0575	0.2126
DRRN	3.063	8.050	25.23
MemNet	0.8774	3.605	14.69
RDN	0.0553	0.2232	0.9124
SRFBN	0.0761	0.2508	0.9787
CARN-M	0.0159	0.0199	0.0320
CSRCNN	0.0153	0.0184	0.0298
ACNet	0.0166	0.0195	0.0315
HGSRCNN	0.0234	0.0337	0.0418

表 6-9　不同 SR 方法的复杂度

方法	参数量（×10³）	FLOPs（×10⁹）
VDSR	665	17.45
DnCNN	556	14.59
DRCN	1774	46.56
MemNet	677	17.77
CARN-M	412	3.46
CARN	1592	11.21
CSFM	12841	85.01
RDN	21937	144.69
SRFBN	3631	23.86
ACNet	1283	14.25
HGSRCNN	2178	15.05

为全面评估 HGSRCNN 的 SISR 性能，使用 FSIM 来做实验。不同 SR 方法在 B100 数据集上的 FSIM 如表 6-10 所示，HGSRCNN 在 B100 数据集的 3 个尺度（×2、×3 和×4）下都获得了最大值，整体上优于 CSRCNN 和 ACNet，这说明 HGSRCNN 在 SISR 定量分析方面非常有竞争力。

表 6-10　不同 SR 方法在 B100 数据集上的 FSIM

方法	FSIM		
	×2	×3	×4
A+	0.9851	0.9734	0.9592
SESRM	0.9976	0.9894	0.9760
SRCNN	0.9974	0.9882	0.9712
CARN-M	0.9979	0.9898	0.9765
LESRCNN	0.9979	0.9903	0.9774
CSRCNN	0.9980	0.9905	0.9776
ACNet	0.9980	0.9905	0.9777
HGSRCNN	0.9980	0.9906	0.9785

（2）定性分析：为测试 HGSRCNN 的视觉结果，这里对 6 种方法（VDSR、DRCN、CRAN-M、LESRCNN、CSRCNN 和 ACNet）进行比较，在 U100 和 B100 数据集上预测高质量图像。为便于观察，这里放大图像的一个区域，将其作为观察区域。观察区域越清晰，意味着所用的 SR 方法的性能越好。在 U100 数据集上，不同 SR 方法在×3 尺度下的视觉效果如图 6-3 所示。在 B100 数据集上，不同 SR 方法在×4 尺度下的视觉效果如图 6-4 所示。图 6-3 和图 6-4 表明 HGSRCNN 的

观察区域比其他 SR 方法的观察区域更清晰。HGSRCNN 在 SISR 方面优于其他方法。根据定量和定性分析，可知 HGSRCNN 对数字设备上的 SISR 非常有效。

（a）高分辨率图像　（b）VDSR　（c）DRCN　（d）CARN-M　（e）LESRCNN　（f）CSRCNN　（g）ACNet　（h）HGSRCNN

图 6-3　不同 SR 方法在 U100 数据集×3 尺度下的可视化效果

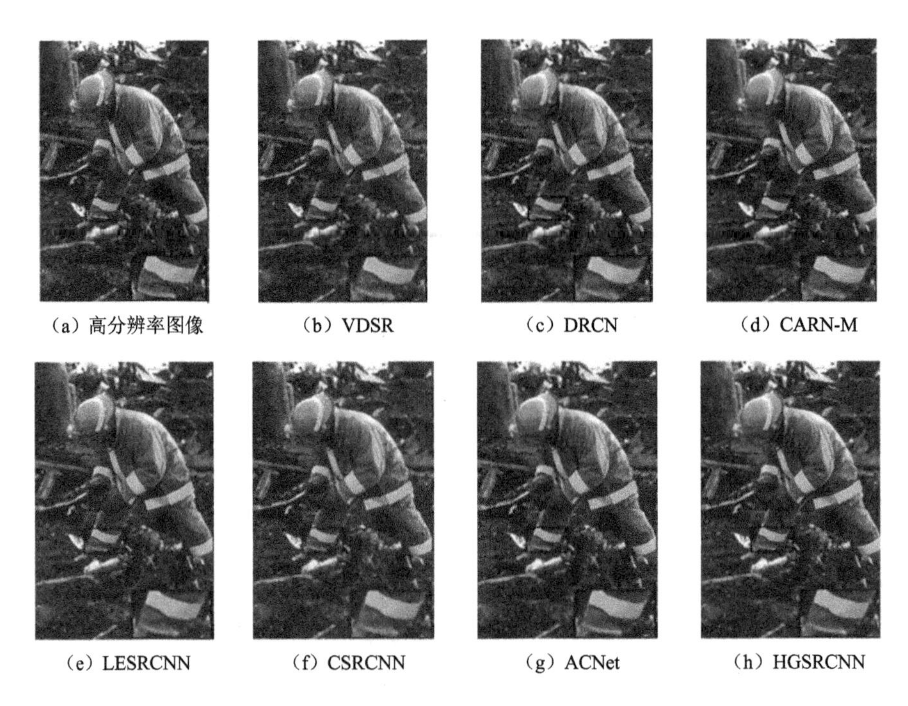
(a) 高分辨率图像　(b) VDSR　(c) DRCN　(d) CARN-M
(e) LESRCNN　(f) CSRCNN　(g) ACNet　(h) HGSRCNN

图 6-4　不同 SR 方法在 B100 数据集×4 尺度下的可视化效果

6.5 本章小结

本章介绍了一种基于异构组卷积神经网络的图像超分辨率方法。该方法以并行方式使用异构架构，增强不同通道的内部和外部交互，从而获得丰富的低频结构信息。考虑到获得冗余特征的影响，采用串行的信号增强模块过滤无用信息。为防止原始信息丢失，利用多级增强机制引导 CNN 实现对称架构，以提高网络的表示能力。此外，它还设计有并行上采样机制，用于训练盲 SR 模型。本章在 4 个数据集上进行了大量实验，验证了该方法在 SISR 效果、运行时间、复杂度和视觉效果等方面的有效性。

参考文献

[1] CHEN Z, GUO X, WOO P Y M, et al. Super-Resolution Enhanced Medical Image

Diagnosis With Sample Affinity Interaction[J]. IEEE Trans. Med. Imag, 2021, 40(5):1377-1389.

[2] SHERMEYER J, VAN E A. The Effects of Super-Resolution on Object Detection Performance in Satellite Imagery[C]//IEEE/CVF Conf. Comput. Vis. Pattern Recognition Workshops (CVPRW), 2019:1432-1441.

[3] ZHANG K, ZUO W, ZHANG L. Learning a Single Convolutional Super-Resolution Network for Multiple Degradations[J]. IEEE/CVF Conf. Comput. Vis. Pattern Recognition, 2018:3262-3271.

[4] CHIANG M C, BOULT T E. Efficient Image Warping and Super-Resolution[J]. 3rd IEEE Workshop Appl. Comput. Vis. (WACV), 1996:56-61.

[5] HA V K, REN J, XU X, et al. Deep Learning Based Single Image Super-Resolution: A Survey[J]. Int. Conf. Brain Inspired Cognit. Syst. Cham, Switzerland: Springer, 2018:106-119.

[6] DONG W, ZHANG L, SHI G, et al. Nonlocally Centralized Sparse Representation for Image Restoration[J]. IEEE Trans. Image Processing, 2013, 22(4):1620-1630.

[7] YANG J, WRIGHT J, HUANG T S, et al. Image Super-Resolution Via Sparse Representation[J]. IEEE Trans. Image Processing, 2010, 19(11):2861-2873.

[8] YANG W, ZHANG X, TIAN Y, et al. Deep Learning for Single Image Super-Resolution: A Brief Review[J]. IEEE Trans. Multimedia, 2019, 21(12):3106-3121.

[9] WANG Z, CHEN J, HOI S C H. Deep Learning for Image Super-Resolution: A Survey[J]. IEEE Trans. Pattern Anal. Mach. Intell., 2011, 43(10):3365-3387.

[10] DONG C, LOY C C, HE K, et al. Image Super-Resolution Using Deep Convolutional Networks[J]. IEEE Trans. Pattern Anal. Mach. Intell, 2015, 38(2): 295-307.

[11] KIM J, LEE J K, LEE K M. Accurate Image Super-Resolution Using Very Deep Convolutional Networks[J]. IEEE Conf. Comput. Vis. Pattern Recognition. (Cvpr), 2016:1646-1654.

[12] KIM J, LEE J K, LEE K M. Deeply-Recursive Convolutional Network for Image Super-Resolution[J]. IEEE Conf. Comput. Vis. Pattern Recognit. (CVPR), 2016: 1637-1645.

[13] TAI Y, YANG J, LIU X. Image Super-Resolution Via Deep Recursive Residual Network[J]. IEEE Conf. Comput. Vis. Pattern Recognit, 2017:3147-3155.

[14] MAO X, SHEN C, YANG Y B. Image Restoration Using Very Deep Convolutional Encoder-Decoder Networks With Symmetric Skip Connections[J]. Adv. Neural Inf. Process. Syst., 2016, 29:2802-2810.

[15] TAI Y, YANG J, LIU X, et al. MemNet: A Persistent Memory Network for Image Restoration[C]//IEEE Int. Conf. Comput. Vis. (ICCV), 2017:4539-4547.

[16] DONG C, LOY C C, TANG X. Accelerating the Super-Resolution Convolutional Neural Network[J]. Eur. Conf. Comput. Vis. Cham, Switzerland: Springer, 2016:391-407.

[17] HUANG Y, HOU X, DUN Y, et al. Learning Deformable and Attentive Network for Image Restoration[J]. Knowl-Based Syst., 2021, 231:107384.

[18] TIAN C W, ZHANG Y, ZUO W, et al. A Heterogeneous Group CNN for Image Super-Resolution.[J]. IEEE Transactions On Neural Networks and Learning Systems, 2022:1-13.

[19] TIAN C, ZHUGE R, WU Z, et al. Lightweight Image Super-Resolution With Enhanced CNN[J]. Knowl.-Based Syst., 2020, 205:106235.

[20] LI Z, YANG J, LIU Z, et al. Feedback Network for Image Super-Resolution[J]. IEEE/CVF Conf. Comput. Vis. Pattern Recognition (CVPR), 2019:3867-3876.

[21] ZHANG Y, TIAN Y, KONG Y, et al. Residual Dense Network for Image Super-Resolution[J]. IEEE/CVF Conf. Comput. Vis. Pattern Recognition, 2018:2472-2481.

[22] WANG Q, GAO Q, WU L, et al. Adversarial Multipath Residual Network for Image Super-Resolution[J]. IEEE Trans. Image Processing, 2021, 30:6648-6658.

[23] AHN N, KANG B, SOHN K A. Fast, Accurate and Lightweight Super-Resolution With Cascading Residual Network[J]. Eur. Conf. Comput. Vis. (ECCV), 2018:252-268.

[24] TIAN C, XU Y, ZUO W, et al. Coarse-To-Fine CNN for Image Super-Resolution[J]. IEEE Trans. Multimedia, 2021, 23:1489-1502.

[25] YANG X, MEI H, ZHANG J, et al. DRFN: Deep Recurrent Fusion Network for

Single-Image Super-Resolution With Large Factors[J]. IEEE Trans. Multimedia, 2019, 21(2):328-337.

[26] PRAJAPATI K, CHU DASAMA V, PATEL H, et al. Channel Split Convolutional Neural Network (ChaSNet) for Thermal Image Super-Resolution[C]//IEEE/CVF Conf. Comput. Vis. Pattern Recognition Workshops (CVPRW), 2021:4368-4377.

[27] ZHANG Y, LI K, WANG L, et al. Image Super-Resolution Using Very Deep Residual Channel Attention Networks[J]. Eur. Conf. Comput. Vis. (ECCV), 2018: 286-301.

[28] NIU B, WEN W, REN W, et al. Single Image Super-Resolution Via a Holistic Attention Network[C]//Eur. Conf. Comput. Vis. Cham, Switzerland: Springer, 2020:191-207.

[29] YANG A, YANG B, JI Z, et al. Lightweight Group Convolutional Network for Single Image Super-Resolution[J]. Inf. Sci, 2020, 516:220-233.

[30] JAIN V, BANSAL P, SINGH A K, et al. Efficient Single Image Super Resolution Using Enhanced Learned Group Convolutions[J]. Int. Conf. Neural Inf. Process. Cham, Switzerland: Springer, 2018:466-475.

[31] HUI Z, GAO X, YANG Y, et al. Lightweight Image Super-Resolution With Information Multi-Distillation Network[J]. 27th ACM Int. Conf. Multimedia, 2019:2024-2032.

[32] ZHAO X, ZHANG Y, ZHANG T, et al. Channel Splitting Network for Single Mr Image Super-Resolution[J]. IEEE Trans. Image Processing, 2019, 28(11):5649-5662.

[33] KRIZHEVSKY A, SUTSKEVER I, HINTON G E. ImageNet Classification With Deep Convolutional Neural Networks[J]. Adv. Neural Inf. Process. Syst. (Nips), 2012, 25:1097-1105.

[34] DOUILLARD C, JÉZÉQUEL M, BERROU C, et al. Iterative Correction of Intersymbol Interference: Turbo Equalization[J]. Eur. Trans. Telecommunication, 1995, 6(5):507-511.

[35] AGUSTSSON E, TIMOFTE R. Ntire 2017 Challenge on Single Image Super-Resolution: Dataset and Study[C]//IEEE Conf. Comput. Vis. Pattern Recognition

Workshops (CVPRW), 2017:126-135.

[36] BEVILACQUA M, ROUMY A, GUILLEMOT C, et al. Lowcomplexity Single-Image Super-Resolution Based on Nonnegative Neighbor Embedding[C]//Brit. Mach. Vis. Conf, 2012:135.

[37] MARTIN D, FOWLKES C, TAL D, et al. A Database of Human Segmented Natural Images and Its Application to Evaluating Segmentation Algorithms and Measuring Ecological Statistics[J]. 8th IEEE Int. Conf. Comput. Vis. (ICCV), 2001, 2:416-423.

[38] HUANG J B, SINGH A, AHUJA N. Single Image Super-Resolution From Transformed Self-Exemplars[J]. IEEE Conf. Comput. Vis. Pattern Recognition. (CVPR), 2015:5197-5206.

[39] KINGMA D P, BA J. Adam: A Method for Stochastic Optimization[J]. 2014, arXiv:1412.6980.

[40] BERGSTRA J, BREULEUX O, BASTIENF, et al. Theano: A CPU and GPU Math Compiler in Python[J]. Python Sci. Conf, 2010:1-7.

[41] SIMONYAN K, ZISSERMAN A. Very Deep Convolutional Networks for Large-Scale Image Recognition[J]. 2014, arXiv:1409.1556.

[42] SZEGEDY, LIU W, JIA Y, et al. Going Deeper With Convolutions[J]. IEEE Conf. Comput. Vis. Pattern Recognition (Cvpr), 2015:1-9.

[43] HORE A, ZIOU D. Image Quality Metrics: Psnr Vs. Ssim[C]//20th Int. Conf. Pattern Recognition, 2010:2366-2369.

[44] SUN J, XU Z, SHUM H Y. Image Super-Resolution Using Gradient Profile Prior[J]. IEEE Conf. Comput. Vis. Pattern Recognition, 2008:1-8.

[45] TIMOFTE R, DE SMET V, VAN GOOL L. A+: Adjusted Anchored Neighborhood Regression for Fast Super-Resolution[C]//Asian Conf. Comput. Vis. Cham, Switzerland: Springer, 2014:111-126.

[46] SCHULTER S, LEISTNER C, BISCHOF H. Fast and Accurate Image Upscaling With Super-Resolution Forests[C]//IEEE Conf. Comput. Vis. Pattern Recognition. (CVPR), 2015:3791-3799.

[47] WANG Z, LIU D, YANG J, et al. Deep Networks for Image Super-Resolution With

Sparse Prior[J]. IEEE Int. Conf. Comput. Vis, 2015:370-378.

[48] ZHANG K, ZUO W, CHEN Y, et al. Beyond a Gaussian Denoiser: Residual Learning of Deep CNN for Image Denoising[J]. IEEE Trans. Image Processing, 2017, 26(7):3142-3155.

[49] CHEN Y, POCK T. Trainable Nonlinear Reaction Diffusion: A Flexible Framework for Fast and Effective Image Restoration[J]. IEEE Trans. Pattern Anal. Mach. Intell., 2017, 39(6):1256-1272.

[50] LU Z, YU Z, YALI P, et al. Fast Single Image Super-Resolution Via Dilated Residual Networks[J]. IEEE Access, 2017, 7:109729-109738.

[51] SHI Y, WANG K, CHEN C, et al. Structure-Preserving Image Super-Resolution Via Contextualized Multitask Learning[J]. IEEE Trans. Multimedia, 2017,19(12):2804-2815.

[52] REN M, EL-KHAMY M, LEE J. Image Super Resolution Based on Fusing Multiple Convolution Neural Networks[J]. IEEE Conf. Comput. Vis. Pattern Recognition Workshops (CVPRW), 2017:54-61.

[53] LAI W S, HUANG J B, AHUJA N, et al. Deep Laplacian Pyramid Networks for Fast and Accurate Super-Resolution[C]//IEEE Conf. Comput. Vis. Pattern Recognition (CVPR), 2017:624-632.

[54] HUI Z, WANG X, GAO X. Fast and Accurate Single Image Super-Resolution Via Information Distillation Network[C]//IEEE/CVF Conf. Comput. Vis. Pattern Recognit, 2018:723-731.

[55] FAN Y, SHI H, YU J, et al. Balanced Two-Stage Residual Networks for Image Super-Resolution[C]//IEEE Conf. Comput. Vis. Pattern Recognition Workshops (CVPRW), 2017:161-168.

[56] WANG Y, WANG L, WANG H, et al. End-to-End Image Super-Resolution Via Deep and Shallow Convolutional Networks[J]. IEEE Access, 2019, 7:31959-31970.

[57] LIU H, FU Z, HAN J, et al. Single Image Super-Resolution Using Multi-Scale Deep Encoder-Decoder With Phase Congruency Edge Map Guidance[J]. Inf. Sci, 2019, 473:44-58.

[58] TIAN C, XU Y, LIN C W, et al. Asymmetric CNN for Image Super-Resolution[J].

IEEE Trans. Syst., Man, Cybern. Syst., 2022, 52(6):3718-3730.

[59] LIANG J, ZHANG K, GU S, et al. Flow-Based Kernel Prior With Application to Blind Super-Resolution[J]. IEEE/CVF Conf. Comput. Vis. Pattern Recognition (CVPR), 2021:10601-10610.

[60] KIM S Y, SIM H, KIM M, KOALANet: Blind Super-Resolution Using Kernel-Oriented Adaptive Local Adjustment[J]. IEEE/CVF Conf. Comput. Vis. Pattern Recognition (CVPR), 2021:10611-10620.

[61] CHU X, ZHANG B, MA H, et al. Fast, Accurate and Lightweight Super-Resolution With Neural Architecture Search[J]. 25th Int. Conf. Pattern Recognition (ICPR), Jan. 2021:59-64.

[62] WANG L, HUANG Z, GONG Y, et al. Ensemble Based Deep Networks for Image Super-Resolution[J]. Pattern Recognition, 2017, 68:191-198.

[63] JIANG K, WANG Z, YI P, et al. Hierarchical Dense Recursive Network for Image Super-Resolution[J]. Pattern Recognition, 2020, 107(107475).

[64] ZHANG L, ZHANG L, MOU X, et al. FSIM: A Feature Similarity Index for Image Quality Assessment[J]. IEEE Trans. Image Processing, 2011, 20(8):2378-2386.

[65] HU Y, LI J, HUANG Y, et al. Channel-Wise and Spatial Feature Modulation Network For Single Image Super-Resolution[J]. IEEE Trans. Circuits Syst. Video Technol, 2020, 30(11):3911-3927.

[66] TIAN C, XU Y, LI Z, et al. Attention-Guided CNN for Image Denoising[J]. Neural Networks, 2020, 124:117-129.

第7章

基于自监督学习的图像去水印方法

7.1 引言

随着大数据和互联网技术的发展，图像已成为人们办公和娱乐的重要媒介。然而，在当前形势下，图像被滥用导致难以维权，因此通过在给定图像上做水印（字母、数字和标志）来保护图像信息。虽然这些水印在一定条件下能够声明受保护图像的所有权，但在水印技术的鲁棒性和网络安全方面存在挑战。因此，为了测试这些水印的质量，研究人员提出图像水印攻击方法。利用 JPEG 压缩、低通滤波和噪声污染等多重破坏手段对图像水印进行攻击，以验证水技术法的鲁棒性。另外，去除图像水印也可有效保护水印版权，并获得清晰图像。例如，在小波域利用正确的用户密钥可有效去除水印，获得清晰图像，保护版权。结合用户密钥和非水印区域的隐藏数据，帮助用户去除嵌入的水印，获得清晰图像。此外，还可利用彩色图像的跨通道相关性和结构信息来修复被水印破坏的区域；使用给定水印图像局部相关部分来自动去水印。考虑到效率问题，结合 Canny 边缘算子、OTSU 阈值和全变分等技术，可以对结构和纹理图像进行处理，从而提高模型的去水印效率。虽然这些方法在去水印方面取得了很好的效果，但都存在人工调整参数和优化参数复杂的缺点。

为解决这些问题，有学者在计算机视觉任务中提出具有黑盒体系结构的深层网络。例如，Tian 等使用非均匀卷积提取水平和垂直方向的关键图像特征，以增强图像超分辨率方法的性能。由于它具有很强学习能力，因此深层网络也被扩展到图像去水印领域。通过微调操作，深度网络可以使用较少的数据来训练图像去水印模型。为测试可见水印的有效性，基于 CNN 的通用框架被用于检测水印和去水印。为有效去除真实场景中的水印并获得高质量图像，研究人员开发了一种结合了生成对抗网络（Generative Adversarial Network，GAN）和注意力机制的方法，专门用于处理位置未知的水印。此外，使用弹性权重合并和未标记数据增强实现微调框架也可有效处理图像去水印问题。为恢复更多纹理细节，研究人员设计了包含多任务网络和注意力机制的两阶段网络，而不是通过检测水印位置来去水印。由于大小、形状、颜色等方面存在不确定性，研究人员提出了两相网络，即第一阶段对给定水印图像进行粗分解，第二阶段利用水印区域中心去水印。虽然这些方法的鲁棒性较强，但它们大多需要利用标签来训练图像去水印模型，受实际数码相机设备的限制。

本章提出用于图像去水印的自监督卷积神经网络（SWCNN）。SWCNN 利用自监督机制获得参考水印图像，基于此测试添加水印的质量。异构 U-Net 使用简单组件提取更多互补结构信息。为了进一步提高预测图像的质量，利用混合损失函数平衡结构信息和纹理信息。本章还进行水印数据集实验，所提出的 SWCNN 算法在验证水印质量方面取得了很好的效果，其主要贡献总结如下。

（1）提出一种自监督机制，以构造参考水印图像，训练图像去水印方法。

（2）设计具有简单组件的异构 U-Net，在图像去水印方面获得更多互补结构信息。

（3）利用混合损失函数平衡结构信息和纹理信息，增强图像去水印方法的鲁棒性。

（4）通过 12 个新水印进行水印数据集的构建。

7.2 自监督学习

现有图像去水印方法大多依赖对有水印图像和无水印图像进行配对来验证鲁棒性。然而，真实水印图像没有对应的清晰图像，从而限制了其在实际数码相机设备上的应用。上述问题可通过机器学习来解决。例如，在固定室温下进行多次温度测试，得到的结果通常存在误差，即 $y = y_1, y_2, \cdots, y_n$，为获得真实温度，常用方法是使用判别函数（又称损失函数）D 获得最小平均偏差，以找到 g，即

$$\arg\min_{g} E_y\{D\{(g, y)\} \tag{7-1}$$

式中，当 D 是 L2 损失函数且 $D(g,y)=(g-y)^2$ 时，其优化解由 $g=E_y(y)$ 得到；当 D 为 L1 损失函数且 $D(g,y)=|g-y|$ 时，其优化解由 $g=\text{median}\{y\}$ 得到。根据统

计学思想，普通估计将损失函数转换为负对数似然函数。此外，神经网络训练也符合上述原理，训练过程可以表示为

$$\arg\min_{\theta} E_{(i,o)}[D(f_{\theta}(i),o)] \tag{7-2}$$

式中，i 和 o 分别表示输入与目标；θ 是参数；f 是网络函数。根据贝叶斯理论，式（7-2）可用式（7-3）代替。

$$\arg\min_{\theta} E_{i}(E_{o|i}\{D[f_{\theta}(i),o]\}) \tag{7-3}$$

当不同的输入分布在给定条件下具有相同的期望时，这些分布可以通过特定的变换关联起来并转换成其他形式的分布，即

$$\arg\min_{\theta} \sum_{j} D[f_{\theta}(i_{j}^{1}),o_{j}^{1}] \tag{7-4}$$

式中，预测值和目标具有噪声分布，且它们满足 $E\{o_{j}^{1} \mid i_{j}^{1}\} = o_{j}$。因此，具有相同分布噪声的不同噪声图像可以作为配对噪声图像数据集。根据噪声到噪声思想，本章提出一种自监督机制，用于生成有水印图像与参考水印图像的配对数据集，即通过在一幅清晰图像上随机添加不同水印来创建一对图像，用于构建训练集。其中，有水印图像的生成过程可以表示为

$$I_{\mathrm{w}}(\mathrm{pi}) = \alpha(\mathrm{pi})W(\mathrm{pi}) + [1-\alpha(\mathrm{pi})]I_{\mathrm{c}} \tag{7-5}$$

式中，pi 表示像素位置；$\alpha(\mathrm{pi})$ 表示空间变化的不透明度；I_{w} 表示有水印图像；W 表示水印；I_{c} 表示自然图像。更多信息可以参考文献[25]。

7.2.1 卷积神经网络

卷积神经网络是深度学习的重要组成部分，在图像去水印中有广泛应用。可以通过构建卷积神经网络模型，从有水印图像中提取特征，并学习水印位置和形状信息。相关研究工作包括使用单卷积神经网络进行图像去水印、设计多尺度卷积神经网络进行复杂水印去除等。有学者提出了一种基于卷积神经网络和上下文注意力机制的图像修复和去水印方法。该方法通过卷积神经网络提取图像特征，利用上下文注意力机制聚焦缺失部分，从而实现图像修复和去水印。有学者利用深度残差学习实现图像去水印。通过构建深度残差网络，该方法能有效恢复无水印原始图像。通过结合卷积神经网络的特点和深度学习的能力，该方法取得了较好的图像去水印效果。

7.2.2 生成对抗网络

生成对抗网络是深度学习的一种重要技术，由生成器和判别器组成。生成对抗网络在图像去水印中的应用主要包括两方面：生成器用于恢复无水印图像，判别器用于评估生成图像与原始图像的差异。通过训练生成对抗网络，可以逐步增强图像去水印效果。相关研究工作包括使用条件生成对抗网络进行图像去水印、设计多阶段生成对抗网络进行复杂水印去除等。有学者采用生成对抗网络进行图像水印修复和识别，还有学者提出了基于深度学习的图像去水印方法。该方法利用深度神经网络实现图像去水印，通过网络学习和优化，实现较好的图像去水印效果。

7.2.3 注意力机制

注意力机制是深度学习的重要技术，它可以使神经网络在处理图像时更加关注感兴趣的区域。在图像去水印任务中，相关研究工作包括使用空间注意力机制实现图像去水印、设计通道注意力机制进行复杂水印去除等。空间注意力机制能够将网络关注点集中在水印所在区域，获得较好的和准确的图像去水印效果。基于通道注意力机制的卷积神经网络的图像去水印方法通过设计通道注意力机制来自动学习和关注水印所在通道的特征，提高图像去水印的准确性和增强效果。

7.2.4 混合模型

除了上述技术，还有一些结合其他技术的图像去水印方法，可以进一步增强图像去水印效果。有学者提出了一种混合模型，结合深度学习技术和传统数字图像处理技术实现图像去水印，在实际应用中取得了较好的效果。结合图像分割和深度学习技术的图像去水印方法利用图像分割技术对复杂水印区域进行分析，并利用深度学习技术实现水印去除，取得了较好的效果。

7.3　面向图像去水印的自监督学习方法

7.3.1　基于自监督卷积神经网络的结构

自监督卷积神经网络包含 3 部分，即自监督机制（Self-Monitoring Mechanism，SMM）、18 层异构网络（Heterogeneous Network，HN）和感知网络（Perceptual Network，PN）。SMM 使用噪声到噪声思想构建参考水印图像。包含不同激活函数、池化函数、卷积层、串联操作和转置卷积的 HN 使用从 SMM 获得的配对水印图像和参考水印图像，以实现异构 U-Net，从而在图像去水印中获取更多互补结构信息。自监督卷积神经网络结构如图 7-1 所示。为获取更多纹理信息，PN 使用 ImageNet 训练分类器的中间层结果及图 7-1 中的 PN1 来检测所获取的纹理信息的质量。为直观地表示，将 SWCNN 的输出定义为

$$\begin{aligned} O_{\mathrm{SWCNN}} &= f_{\mathrm{SWCNN}}(I_{\mathrm{w}}) \\ &= f_{\mathrm{PN1}}[f_{\mathrm{HN}}(I_{\mathrm{w}})] \end{aligned} \tag{7-6}$$

式中，I_{w}表示给定水印图像；f_{SWCNN}表示 SWCNN 的处理过程；f_{PN1} 和 f_{HN} 分别表示 PN1 与 HN 函数。

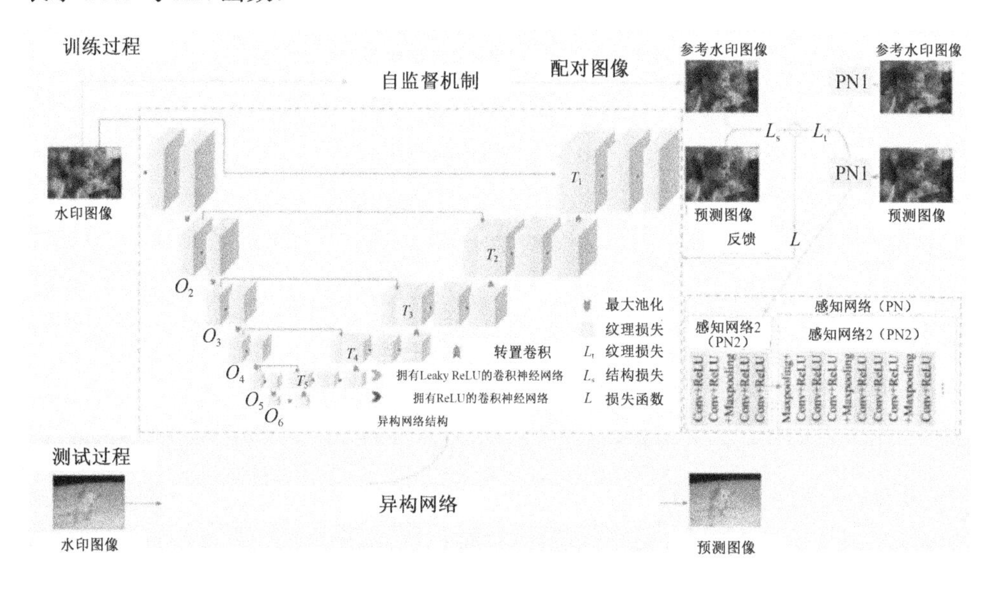

图 7-1　自监督卷积神经网络结构

7.3.2 异构网络

异构网络（HN）的第1、8、10、12、14、16和17层由卷积层和ReLU组合而成。第2～6层由卷积层、ReLU和最大池化组成。第7、9、11、13和15层包含卷积层、ReLU和转置卷积。第18层包含卷积层和Leaky ReLU。为了增强HN的记忆能力，在不同层上进行串联操作。连接给定的水印图像和第15层信息，将其作为HN中第16层的输入。将第2、13层获得的特征通过串联操作融合起来，充当HN中的第14层。将第3、11层的信息通过级联操作融合起来，作为HN中的第12层。将第4、9层的信息通过级联操作融合起来，充当HN中的第10层。将第5、7层的信息通过级联操作融合起来，作为HN中的第8层。所有卷积层都是3×3的。第1层的输入通道数为3、输出通道数为48。第27层的输入和输出通道数均为48。第8、9层的输入通道数为96、输出通道数为96。第10、12、14层的输入通道数为144、输出通道数为96。第11、13、15层的输入通道数为96、输出通道数为96。第16层的输入通道数为99、输出通道数为64。第17层的输入通道数为64、输出通道数为32。第18层的输入通道数为32、输出通道数为3。上述过程用如下公式表示：

$$\begin{aligned}O_{\mathrm{HN}} &= f_{\mathrm{HN}}(I_{\mathrm{w}}) \\ &= \mathrm{CLR}(\mathrm{CR}(\mathrm{CR}(\mathrm{Cat}(I_{\mathrm{w}}, T_1))))\end{aligned} \tag{7-7}$$

$$T_i = \mathrm{CRTC}\{\mathrm{CR}[\mathrm{Cat}(O_{i+1}, T_{i+1})]\}，\ i = 1,2,3,4 \tag{7-8}$$

$$T_5 = \mathrm{CRTC}(O_6) \tag{7-9}$$

$$O_2 = \mathrm{CRMP}[\mathrm{CR}(I_{\mathrm{w}})] \tag{7-10}$$

$$O_3 = 2\mathrm{CRMP}[\mathrm{CR}(I_{\mathrm{w}})] \tag{7-11}$$

$$O_4 = 3\mathrm{CRMP}[\mathrm{CR}(I_{\mathrm{w}})] \tag{7-12}$$

$$O_5 = 4\mathrm{CRMP}[\mathrm{CR}(I_{\mathrm{w}})] \tag{7-13}$$

$$O_6 = 5\mathrm{CRMP}[\mathrm{CR}(I_{\mathrm{w}})] \tag{7-14}$$

式中，Cat表示级联操作；CRTC表示CR（卷积层和ReLU的组合）、Transpose卷积的组合；CLR表示卷积层和Leaky ReLU的组合；CRMP表示卷积层、ReLU和最大池化操作的组合；O_i表示异构网络中第i层的输出，其中i=2,3,4,5,6；T_i表示异构网络中第i个转置卷积层的输出，其中i=1,2,3,4,5；iCRMP表示i个堆叠CRMP，其中i=2,3,4,5；O_{HN}表示异构网络预测图像。

7.3.3　感知网络

感知网络是通过 VGG 架构实现的，主要在 ImageNet 上使用 VGG 训练分类器，并将 HN 的预测结果和获得的参考水印图像分别作为 PN 的输入（PN 的前 4 层由 PN1 组成）。来自不同输入的 PN 的第 4 层的输出用于计算纹理损失的损失值。式（7-6）中的 f_{PN1} 可以表示为

$$f_{\mathrm{PN1}}=\mathrm{CR}(\mathrm{CR}(\mathrm{CRMP}(\mathrm{CR}(f_{\mathrm{vgg}}))))\tag{7-15}$$

式中，f_{vgg} 表示 VGG 函数。PN1 的网络结构如图 7-1 所示。

7.3.4　损失函数

考虑到结构信息和纹理信息，本节提出一种基于 L1 的混合损失函数，它包含两部分，即结构损失和纹理损失。结构损失函数负责监控从异构网络中获取的结构特征的鲁棒性，纹理损失用于监控从感知网络中获取的纹理信息的鲁棒性。为加快训练速度，上述损失函数由 L1 实现。此外，训练数据通过 7.3.2 节中的自监督机制获得。上述混合损失函数可以表示为

$$\begin{aligned}L&=L_{\mathrm{s}}+\lambda L_{\mathrm{t}}\\&=\frac{1}{N}\sum_{i=1}^{N}|f_{\mathrm{HN}}(I_{\mathrm{w}}^{i})-I_{\mathrm{r}}^{i}|+\lambda|f_{\mathrm{PN1}}[f_{\mathrm{HN}}(I_{\mathrm{w}}^{i})]-f_{\mathrm{PN1}}(I_{\mathrm{r}}^{i})|\end{aligned}\tag{7-16}$$

式中，L_{t} 和 L_{s} 分别为结构损失函数与纹理损失函数；λ 是纹理信息的调整系数；N 是有水印图像的数量；I_{r}^{i} 是第 i 幅参考水印图像；I_{w}^{i} 是第 i 幅水印图像。训练后的模型依赖 Adam 优化器来优化参数。结构损失函数依赖异构网络，可以表示为

$$\begin{aligned}L_{\mathrm{s}}&=\frac{1}{N}\sum_{i=1}^{N}|f_{\mathrm{HN}}(I_{\mathrm{w}}^{i})-I_{\mathrm{r}}^{i}|\\&=\frac{1}{N}\sum_{i=1}^{N}|O_{\mathrm{HN}}^{i}-I_{\mathrm{r}}^{i}|\end{aligned}\tag{7-17}$$

式中，O_{HN}^{i} 是第 i 幅图像的异构网络输出。纹理损失函数依赖异构网络。

7.4 实验结果与分析

7.4.1 数据集

为了增强图像去水印方法的鲁棒性，本章通过收集包含多种水印的图像来构建训练集和测试集，12 个水印如图 7-2 所示。

图 7-2 12 个水印

训练集：从 PASCAL VOC 2012 中选择 477 幅 JPG 格式的代表性自然图像。训练集的每幅水印图像都随机在图 7-2 中的 12 个具有固定透明度的水印中选择 1 个，并以自监督方式将这些水印的透明度设置为 0～0.4。同时，水印的尺寸被设置为原尺寸的 50%～100%。为加快训练速度，每个水印都被裁剪为 3111 个尺寸为 256×256 的图像块。

测试集：从 PASCAL VOV 2012 中选择 27 幅 JPG 格式的代表性自然图像。每幅水印图像都随机在图 7-2 的 12 个具有固定透明度的水印中选择 1 个。测试水印图像共有 324 幅，水印尺寸为原尺寸的 1.5 倍。

7.4.2 实验设置

实验均在硬件环境 Intel Xeon Silver 4210 CPU、系统环境 Ubuntu 20.041.8 下进行，使用 PyTorch 和 Python 3.6。为加快训练速度，使用 3090 的 GPU，CUDA 为 11.1 版本，cuDNN 为 8.0.5 版本。另外，批量大小为 8，训练周期数为 100，初始学习率为 1×10^{-3}，第 30 次训练的学习率约为初始学习率的 0.1 倍。更多的参数与文献[31]相同。

7.4.3 方法分析

SWCNN 具有 3 个关键技术，即自监督机制、HN 的异构架构和混合损失函数，分别根据训练数据、网络设计原理与图像表示分析它们的有效性和合理性。

自监督机制：现有方法几乎都依赖成对数据（有水印图像和清晰图像），以监督方式验证添加水印在训练数据方面的鲁棒性。然而，实际上很难获得相应的清晰图像。根据噪声到噪声思想，提出了自监督机制，根据水印分布构建配对水印图像。在一幅清晰图像中随机添加一个水印即被视为清晰参考水印图像，作为标签。在一幅清晰图像中随机添加水印被视为有水印图像，作为 SWCNN 的输入。这可以解决没有标签的问题。所提出的自监督机制的有效性通过 SWCNN 和具有清晰参考水印图像的 SWCNN 在 PSNR 与 SSIM 方面进行验证。不同方法的去水印性能如表 7-1 所示。为了充分验证所提出的自监督机制的性能，这里监控一个训练周期内的所有步骤和所有训练周期的训练过程。由此可见，所提出的自监督机制比给定配对图像表现好，不同方法在不同周期、步数下的 PSNR 如图 7-3 所示。因此，所提出的自监督机制对于图像去水印非常有效。

表 7-1　不同方法的去水印性能

方法	PSNR（dB）	SSIM
具有清晰参考水印图像的 HN	34.9035	0.9854
HN	31.6702	0.9803
SWCNN	36.9022	0.9893
具有清晰参考水印图像的 SWCNN	35.8956	0.9881

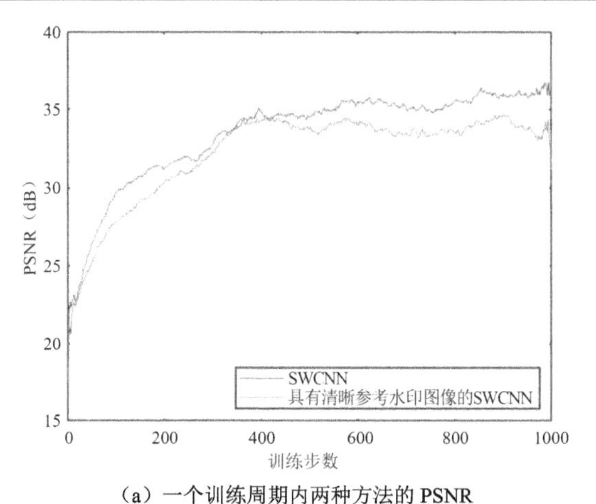

（a）一个训练周期内两种方法的 PSNR

图 7-3　不同方法在不同周期、步数下的 PSNR

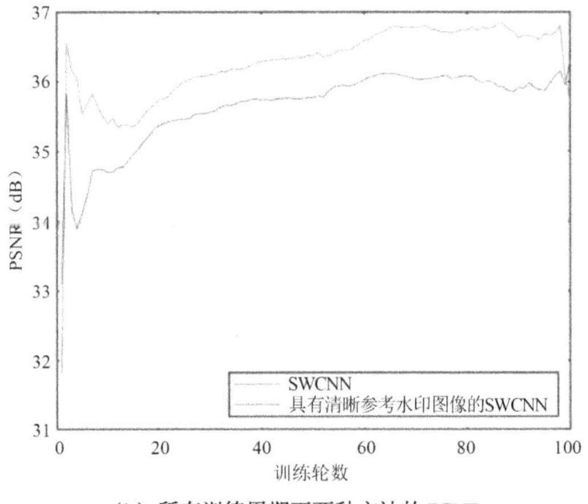

（b）所有训练周期下两种方法的 PSNR

图 7-3　不同方法在不同周期、步数下的 PSNR（续）

异构网络：根据网络设计原理，已知深层网络的表示能力更强，获得的结构信息更准确。例如，U-Net 结合不同组件，即卷积层、ReLU、最大池化操作、串联操作和转置卷积实现异构网络，在图像去噪中可以提取更多结构信息。本章使用异构网络挖掘互补结构信息，以验证给定水印的质量。将 FFDNet、深度图像先验（Depth Image Prior，DIP）恢复、WGAN-GP、DnCNN、细节恢复图像去雨网络（Detail-Recovery Image Deraining Network，DRD-Net）及一种用于去除雨纹的深度残差学习算法 FastDerainNet 和小波域中用于去除马赛克的高效注意力融合网络（Efficient Attention Fusion Network in Wavelet Domain for Demoireing，EAFNWDD）在透明度为 0.3 的测试集上与 SWCNN 进行比较的方法。不同方法的去水印性能如表 7-2 所示，通过比较 PSNR 和 SSIM 来测试异构网络在去水印方面的有效性。

表 7-2　不同方法的去水印性能

方法	PSNR（dB）	SSIM
FFDNet	27.8820	0.8778
DIP	29.7473	0.9260
WGAN-GP	31.0752	0.9662
DnCNN	30.1071	0.9620
DRD-Net	28.9090	0.9707
FastDerainNet	32.2594	0.9815
EAFNWDD	33.4744	0.9700
SWCNN	36.9022	0.9893

混合损失函数：来自深层网络的结构信息和感知网络的纹理信息对图像恢复来说非常重要。本章使用混合损失函数在结构信息和纹理信息之间进行平衡。结构损失可以基于参考水印图像和有水印图像进行计算。通过具有清晰参考水印图像 HN 和具有清晰参考水印图像的 SWCNN，以及表 7-1 中的 HN 和 SWCNN 来验证混合损失函数的有效性。上述混合损失函数比结构损失有效。为验证混合损失函数的鲁棒性，根据 PSNR 监控一个训练周期内的所有步骤和所有训练周期的训练过程中的 PSNR 变化，得到不同方法在不同周期、步数下的 PSNR 如图 7-4 所示，结构损失配合纹理损失实现的混合损失比单一结构损失的去水印性能好。为了观察可视化效果，本章选定观察区域，以测试不同方法的效果，不同方法的去水印可视化图像如图 7-5 所示，SWCNN 的观察区域比 HN 的观察区域清晰，表明了 SWCNN 的有效性。

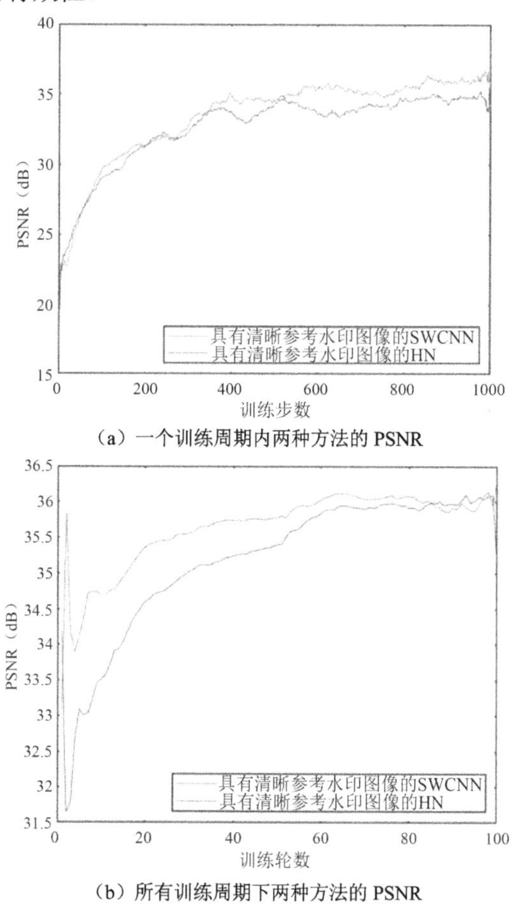

（a）一个训练周期内两种方法的 PSNR

（b）所有训练周期下两种方法的 PSNR

图 7-4　不同方法在不同周期、步数下的 PSNR

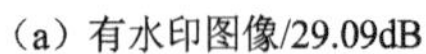
（a）有水印图像/29.09dB
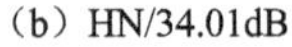
（b）HN/34.01dB
（c）SWCNN/38.90dB

图 7-5　不同方法的去水印可视化图像

7.4.4　实验结果

几种图像恢复方法（DnCNN、FFDNet、DIP、WGAN-GP、DRD-Net、FastDerainNet、EAFNWDD）被选为进行定性和定量分析的方法，进行定性和定量分析。在不同透明度下，不同方法的 PSNR 如表 7-3 所示。不同方法在 256x256 图像上进行去水印的复杂度如表 7-4 所示。这里用图像质量评估指标验证图像去水印方法的鲁棒性。图像质量评估指标包括自然图像质量评估器（Natural Image Quality Evaluator，NIQE）和集成局部 NIQE（Integrated Local NIQE，ILNIQE）。由表 7-3 可知，所提出的 SWCNN 在不同透明度下都获得了较好的结果。SWCNN 在 0.3 的透明度下，如表 7-3 所示，SWCNN 在 PSNR 方面获得了最好的结果，这表明 SWCNN 可以有效去除具有一定透明度的图像水印。由表 7-4 可知，SWCNN 在参数量和 FLOPs 方面比其他流行方法（WGAN-GP 和 DRD-Net）更有竞争力。为了防止 PSNR 和 SSIM 对底层视觉任务产生限制，使用图像质量评估器进行对比实验。

表 7-3　不同方法的 PSNR

透明度	方法	PSNR（dB）
0.3	水印图像	28.9315
	DnCNN	30.1071
	FFDNet	27.8820
	DIP	29.7473
	WGAN-GP	31.0752
	DRD-Net	28.9090
	FastDerainNet	32.2594
	EAFNWDD	33.4744
	SWCNN	36.9022

续表

透明度	方法	PSNR（dB）
0.5	水印图像	24.4613
	DnCNN	29.0839
	FFDNet	26.6993
	DRD-Net	29.5223
	FastDerainNet	29.0554
	EAFNWDD	32.6189
	SWCNN	33.6491
0.7	水印图像	21.5421
	DnCNN	27.8643
	FFDNet	26.1584
	DRD-Net	31.0825
	FastDerainNet	25.5810
	EAFNWDD	27.0394
	SWCNN	30.8870
1	水印图像	18.4946
	DnCNN	22.4778
	FFDNet	20.4118
	DRD-Net	23.6468
	FastDerainNet	20.4325
	EAFNWDD	25.9088
	SWCNN	28.1357

表 7-4　不同方法在 256x256 图像上进行去水印的复杂度

方法	参数量（个）	FLOPs（$\times10^9$）
FFDNet	854.688×10^3	14.003
DIP	2.996×10^6	1.776
WGAN-GP	3.602×10^6	22.470
DnCNN	558.336×10^3	36.591
DRD-Net	2.941×10^6	192.487
FastDerainNet	336.006×10^3	22.128
EAFNWDD	52.322×10^6	135.007
SWCNN	700.611×10^3	18.651

在盲图像去水印任务中，通常使用主流的盲图像质量评估器来评估去水印后图像的质量。例如，Li 等利用局部图像结构的二进制模式提取统计信息，从而实现盲图像质量评估；Wu 等通过融合来自多域和不同信道的统计信息来解决盲图

像质量评估问题。为了公平地测试 SWCNN 获得的图像质量，选择典型的盲图像质量评估器（NIQE 和 ILNIQE）进行对比实验。不同方法的 NIQE 和 ILNIQE 结果（透明度为 0.3）如表 7-5 所示，与其他流行方法（DnCNN、FFDNet 和 FastDerainNet）相比，SWCNN 在 NIQE 和 ILNIQE 上都获得了最低值，表明它在盲图像质量评估方面非常有竞争力。SWCNN 在图像水印的定量分析方面较为有效。

表 7-5　不同方法的 NIQE 和 ILNIQE 结果（透明度为 0.3）

方法	NIQE	ILNIQE
DnCNN	4.8500	23.2775
FFDNet	5.5887	25.3639
FastDerainNet	4.8070	22.9647
SWCNN	4.8038	22.9337

为了加快训练速度，在结构损失函数和纹理损失函数中嵌入 L1 而不是 L2。使用定量和定性分析来评估使用 L1 的 SWCNN（SWCNN-L1）与使用 L2 的 SWCNN（SWCNN-L2）的性能。在定量分析方面，使用 SWCNN-L1 和 SWCNN-L2 计算所有测试图像的平均 PSNR 与 SSIM，如表 7-6 所示，SWCNN-L1 比 SWCNN-L2 得到的 PSNR 和 SSIM 高，这表明了 SWCNN-L1 的有效性。另外，根据 PSNR 监控一个训练周期内的所有步骤和所有训练周期的训练过程，以验证 SWCNN-L1 的有效性。不同方法训练过程中的 PSNR 变化如图 7-6 所示，SWCNN-L1 比 SWCNN-L2 得到的 PSNR 和 SSIM 高，表明 SWCNN-L1 在整个训练过程中的有效性。在定性分析方面，SWCNN-L1 的观察区域比 SWCNN-L2 的观察区域清晰，表明 SWCNN-L1 更有效，不同方法的去水印可视化效果如图 7-7 所示。根据定量分析和定性分析，L1 损失函数适用于 SWCNN 图像去水印。

表 7-6　SWCNN-L1 和 SWCNN-L2 的平均 PSNR 与 SSIM

方法	PSNR（dB）	SSIM
SWCNN-L1	36.9022	0.9893
SWCNN-L2	25.3888	0.9383

定性分析：放大用不同方法处理后的图像的特定区域，将其作为观察区域，并根据这些观察区域的清晰度评估视觉效果。SWCNN 在不同透明度下的图像去水印可视化效果如图 7-8 所示。不同方法在透明度为 0.3 和 0.5 时的图像去水印可视化效果如图 7-9 和图 7-10 所示，验证了 SWCNN 在处理不同透明度水印图像时的鲁棒性。图 7-9 和图 7-10 显示，在特定观察区域，SWCNN 比其他主流图像去

水印方法（如 FFDNet 和 DnCNN）的清晰度高，从而验证了 SWCNN 在图像去水印方面的优势，这说明 SWCNN 在定性分析方面对图像去水印有效。由定量和定性分析可知，SWCNN 适用于图像去水印。

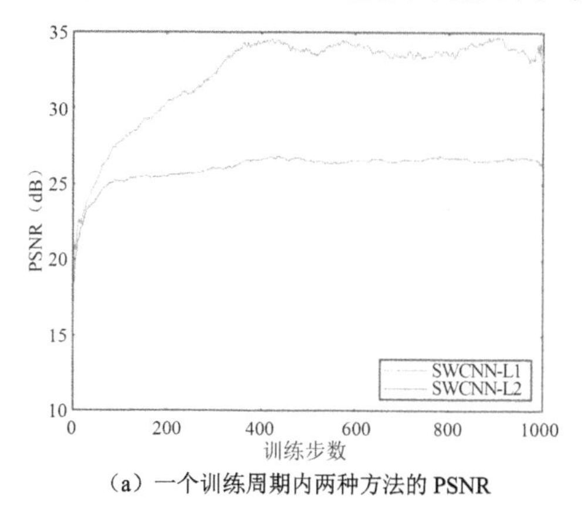

（a）一个训练周期内两种方法的 PSNR

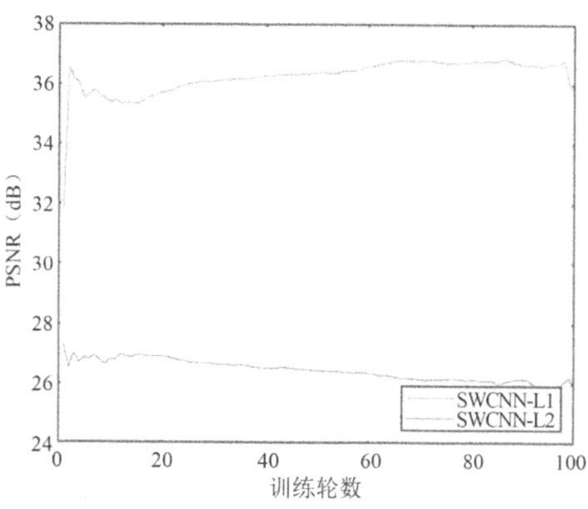

（b）所有训练周期下两种方法的 PSNR

图 7-6　不同方法训练过程中的 PSNR 变化

（a）水印图像/29.36dB

（b）SWCNN-L2/24.90dB

（c）SWCNN-L1/40.67dB

图 7-7　不同方法的去水印可视化效果

（a）透明度为 0.3/41.33dB 的 SWCNN

（b）透明度为 0.5/35.92dB 的 SWCNN

图 7-8　SWCNN 在不同透明度下的图像去水印可视化效果

（c）透明度为 0.7/33.59dB 的 SWCNN

（d）透明度为 1/26.07dB 的 SWCNN

图 7-8　SWCNN 在不同透明度下的图像去水印可视化效果（续）

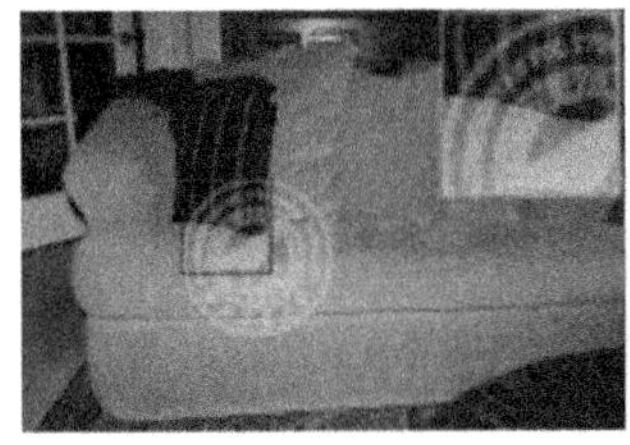

（a）水印图像/29.88dB

（b）FFDNet/29.43dB

（c）DIP/34.88dB

（d）WGAN-GP/30.59dB

（e）DnCNN/33.48dB

（f）SWCNN/43.94dB

图 7-9　不同方法在透明度为 0.3 时的图像去水印可视化效果

（a）水印图像/29.74dB

（b）DnCNN/34.93dB

图 7-10　不同方法在透明度为 0.5 时的图像去水印可视化效果

（c）FFDNet/31.72dB　　（d）SWCNN/43.90dB

图 7-10　不同方法在透明度为 0.5 时的图像去水印可视化效果（续）

7.5　本章小结

本章提出了用于图像去水印的自监督卷积神经网络，该方法使用自监督方式，根据水印分布构建参考水印图像，而不是给定配对训练样本来训练去水印模型；使用异构 U-Net 和混合损失函数在结构信息与纹理信息之间进行平衡。此外，本章还建立了包含具有不同覆盖范围的 12 个水印的数据集，以验证图像去水印方法的鲁棒性。与流行的 CNN 相比，SWCNN 在不同透明度、视觉效果、图像去水印复杂度方面具有竞争力，并采用广泛使用的指标验证了所提方法的有效性。

参考文献

[1] BRAUDAWAY G W. Protecting Publicly-Available Images with an Invisible Image Watermark[J]. International Conference on Image Processing, 1997,1:524-527.

[2] LIU X L, LIN C C, YUAN S M. Blind Dual Watermarking for Color Images' Authentication and Copyright Protection[J]. IEEE Transactions on Circuits and Systems for Video Technology, 2016, 28(5):1047-1055.

[3] LEE S J, JUNG S H. A Survey of Watermarking Techniques Applied to Multimedia[C]//ISIE 2001. 2001 IEEE International Symposium on Industrial Electronics Proceedings (Cat. No. 01TH8570), 2001, 1:272-277.

[4] TSAI H H, SUN D W. Color Image Watermark Extraction Based on Support Vector

Machines[J]. Information Sciences, 2007, 177(2):550-569.
[5] WONG P H, AU O C, YEUNG Y M. Novel Blind Multiple Watermarking Technique for Images[J]. IEEE Transactions on Circuits and Systems for Video Technology, 2003, 13(8):813-830.
[6] HU Y, KWONG S, HUANG J. An Algorithm for Removable Visible Watermarking[J]. IEEE Transactions on Circuits and Systems for Video Technology, 2005, 16(1):129-133.
[7] HU Y, JEON B. Reversible Visible Watermarking and Lossless Recovery of Original Images[J]. IEEE Transactions on Circuits and Systems for Video Technology, 2006,16(11):1423-1429.
[8] PARK J, TAI Y W, KWEON I S. Identigram/Watermark Removal Using Cross-Channel Correlation[C]//2012 IEEE Conference on Computer Vision and Pattern Recognition. IEEE, 2012:446-453.
[9] WESTFELD A. A Regression-Based Restoration Technique for Automated Watermark Removal[C]//10th ACM Workshop on Multimedia and Security, 2008:215-220.
[10] SANTOYO-GARCIA H, FRAGOSO-NAVARRO E, REYES-REYES R, et al. An Automatic Visible Watermark Detection Method Using Total Variation[C]// 2017 5th International Workshop on Biometrics and Forensics (IWBF). IEEE, 2017:1-5.
[11] CONG R, YANG N, LI C, et al. Global-and-Local Collaborative Learning for Co-Salient Object Detection[J]. arXiv:2204.08917, 2022.
[12] CONG R, ZHANG Y, FANG L, et al. RRNet: Relational Reasoning Network with Parallel Multiscale Attention for Salient Object Detection in Optical Remote Sensing Images[J]. IEEE Transactions on Geoscience and Remote Sensing, 2021, 60:1-11.
[13] TIAN C, XU Y, ZUO W, et al. Asymmetric CNN for Image Super-Resolution[J]. IEEE Transactions on Systems, Man, and Cybernetics:Systems, 2021, 52(6):3718-3730.
[14] CHEN X, WANG W, DING Y, et al. Leveraging Unlabeled Data for Watermark Removal of Deep Neural Networks[C]//ICML Workshop on Security and Privacy

of Machine Learning, 2019:1-6.
[15] WANG J, WU H, ZHANG X, et al. Watermarking in Deep Neural Networks Via Error Back-Propagation[J]. Electronic Imaging, 2020(4):22-1.
[16] CHENG D, LI X, LI W H, et al. Large-scale Visible Watermark Detection and Removal with Deep Convolutional Networks[J]. Chinese Conference on Pattern Recognition and Computer Vision (PRCV). Springer, 2018:27-40.
[17] LI X, LU C, CHENG D, et al. Towards Photo-Realistic Visible Watermark Removal with Conditional Generative Adversarial Networks[J]. International Conference on Image and Graphics. Springer, 2019:345-356.
[18] CAO Z, NIU S, ZHANG J, et al. Generative Adversarial Networks Model for Visible Watermark Removal[J]. IET Image Processing, 2019, 13(10):1783-1789.
[19] CHEN X, WANG W, BENDER C, et al. Refit: A Unified Watermark Removal Framework for Deep Learning Systems with Limited Data[C]//2021 ACM Asia Conference on Computer and Communications Security, 2021:321-335.
[20] CUN X, PUN C M. Split Then Refine: Stacked Attention-Guided ResUNets for Blind Single Image Visible Watermark Removal[J]. AAAI Conference on Artificial Intelligence, 2021, 35(2):1184-1192.
[21] LIU Y, ZHU Z, BAI X. WDNet: Watermark-Decomposition Network for Visible Watermark Removal[C]//IEEE/CVF Winter Conference on Applications of Computer Vision, 2021:3685-3693.
[22] FU L, SHI B, SUN L, et al. An Improved U-Net for Watermark Removal[J]. Electronics, 2022, 11(22):3760.
[23] SONG C, SUDIRMAN S, MERABTI M, et al. Analysis of Digital Image Watermark Attacks[C]. 2010 7th IEEE Consumer Communications and Networking Conference. IEEE, 2010:1-5.
[24] LEHTINEN J, MUNKBERG J, HASSELGREN J, et al. Noise2noise: Learning Image Restoration Without Clean Data[J]. Arxiv Preprint Arxiv:1803.04189, 2018.
[25] DEKEL T, RUBINSTEIN M, LIU C, et al. On the Effectiveness of Visible Watermarks[C]//IEEE Conference on Computer Vision and Pattern Recognition, 2017:2146-2154.
[26] KRIZHEVSKY A, SUTSKEVER I, HINTON G E. ImageNet Classification with

Deep Convolutional Neural Networks[J]. Advances in Neural Information Processing Systems, 2012, 25(2).

[27] MAAS A L, HANNUN A Y, NG A Y, et al. Rectifier Nonlinearities Improve Neural Network Acoustic Models[J]. ICML, (1. Atlanta, Georgia, USA, 2013, 30:3.

[28] KINGMA D P, BA J. Adam: A Method for Stochastic Optimization[J]. Arxiv Preprint Arxiv:1412.6980, 2014.

[29] EVERINGHAM M, ESLAMI S, VAN GOOL L, et al. The Pascal Visual Object Classes Challenge: A Retrospective[J]. International Journal of Computer Vision, 2015, 111(1):98-136.

[30] PASZKE A, GROSS S, CHINTALA S, et al. Automatic Differentiation in PyTorch[C]//NIPS-W, 2017:1-4.

[31] ZHANG K, ZUO W, CHEN Y, et al. Beyond a Gaussian Denoiser: Residual Learning of Deep CNN for Image Denoising[J]. IEEE Transactions on Image Processing, 2017, 26(7):3142-3155.

[32] TAI Y, YANG J, LIU X, et al. MemNet: A Persistent Memory Network for Image Restoration[C]//IEEE International Conference on Computer Vision, 2017:4539-4547.

[33] ZHANG K, ZUO W, ZHANG L. FFDNet: Toward a Fast and Flexible Solution for CNN-Based Image Denoising[J]. IEEE Transactions on Image Processing, 2018, 27(9):4608-4622.

[34] ULYANOV D, VEDALDI A, LEMPITSKY V. Deep Image Prior[C]//IEEE Conference on Computer Vision and Pattern Recognition, 2018:9446-9454.

[35] ZHANG J, ZHANG S, WANG X, et al. Image Inpainting with Contextual Attention[C]//IEEE Conference on Computer Vision and Pattern Recognition, 2018:5505-5514.

[36] DENG S, WEI M, WANG J, et al. DRDNET: Detail-Recovery Image Deraining Via Context Aggregation Networks[J]. Arxiv Preprint Arxiv:1908.10267, 2019.

[37] WANG X, LI Z, SHAN H, et al. FastDerainNet: A Deep Learning Algorithm for Single Image Deraining[J]. IEEE Access, 2020, 8:127622-127630.

[38] SUN A, LAI H, WANG L, et al. Efficient Attention Fusion Network in Wavelet Domain for Demoireing[J]. IEEE Access, 2021, 9:53392-53400.

[39] SAHU P, YU D, DASARI M, et al. A Lightweight Multisection CNN for Lung Nodule Classification and Malignancy Estimation[J]. IEEE Journal of Biomedical and Health Informatics, 2018, 23(3):960-968.

[40] DOLBEAU R. Theoretical Peak Flops Per Instruction Set: A Tutorial[J]. The Journal of Supercomputing, 2018, 74(3):1341-1377.

[41] MITTAL A, SOUNDARARAJAN R, BOVIK A C. Making a "Completely Blind" Image Quality Analyzer[J]. IEEE Signal Processing Letters, 2012, 20(3):209-212.

[42] ZHANG L, ZHANG L, BOVIK A C. A Feature-Enriched Completely Blind Image Quality Evaluator[J]. IEEE Transactions on Image Processing, 2015, 24(8):2579-2591.

[43] WU Q, WANG Z, LI H. A Highly Efficient Method for Blind Image Quality Assessment[J]. 2015 IEEE International Conference on Image Processing (ICIP). IEEE, 2015:339-343.

[44] WU Q, LI H, MENG F, et al. Blind Image Quality Assessment Based on Multichannel Feature Fusion and Label Transfer[J]. IEEE Transactions on Circuits and Systems for Video Technology, 2015, 26(3):425-440.

[45] ZHANG J, ZHANG S, WANG X, et al. Image Inpainting with Contextual Attention[J]. IEEE Conference on Computer Vision and Pattern Recognition (CVPR), 2018:5505-5514.

[46] XU X, YANG J. Deep Residual Learning for Image Watermark Removal[J]. IEEE Conference on Computer Vision and Pattern Recognition Workshops (CVPRW), 2019:8-15.

[47] YU H, WANG C, HUANG J, et al. Deep Learning-Based Image Restoration and Recognition for Handwritten Watermarks[J]. IEEE Transactions on Information Forensics and Security, 2018, 13(5):1162-1175.

[48] LUO Y, JIANG L, HUANG Q. A Deep Neural Network for Image Watermarked Image Removal[C]//International Conference on Multimedia Retrieval (ICMR), 2019:345-352.

[49] WANG Z, LI J, WANG W, et al. Attentive Generative Adversarial Network for Image Inpainting[J]. Neural Computing and Applications, 2020, 32(24):18609-18618.

[50] YUAN H, WANG H, ZHENG C,et al. Channel Attention-Based Convolutional Neural Network for Image Inpainting[J]. Neurocomputing, 2021, 447:453-462.

[51] ZHAO Y, XU X, LI, J. Mixed Model for Blind Image Watermark Removal[J]. Multimedia Tools and Applications, 2020,79(11):7869-7883.

第 8 章

总结与展望

8.1 总结

本书探讨了深度学习与图像复原领域的相关技术和方法，详细介绍了卷积神经网络的基本原理及技术，阐述了图像复原的任务及应用研究。

本书对基于传统机器学习的图像复原方法进行分析总结，分析了其局限性，如测试阶段需要采用复杂的优化算法、需要通过手动设置参数实现图像复原等，在不牺牲计算效率的情况下很难达到高性能。因此，针对基于传统机器学习的图像复原方法存在的问题，本书详细介绍了 3 种经典的基于卷积神经网络的图像复原方法：DnCNN、SRCNN、IWRU-Net。基于卷积神经网络的图像去噪方法（DnCNN）采用残差学习将噪声与噪声观测值分离；将批归一化和残差学习结合，加快了训练速度，提高了去噪性能。基于卷积神经网络的图像超分辨率方法（SRCNN）学习 LR 图像和 HR 图像之间的端到端映射，除优化外几乎没有额外的预处理/后处理操作，SRCNN 具有轻量化结构。基于卷积神经网络的图像去水印方法 IWRU-Net 采用串行结构来提高信息处理的准确性，以保证水印去除性能。

本书基于深度卷积神经网络的图像复原进行研究，主要结合目标任务的属性和深度卷积神经网络的设计规则解决图像去噪、图像超分辨率和图像去水印问题。

针对图像去噪问题，本书从解决小批量问题、在复杂背景下对图像去噪等角度出发，设计了基于双路径卷积神经网络的图像去噪方法和基于注意力引导去噪卷积神经网络的图像去噪方法。

（1）面向图像去噪的双路径卷积神经网络通过增大网络的宽度来提取互补的特征，有利于增强复杂的随机噪声图像去噪效果；双网络中的重归一化技术通过对个体归一化代替块内样本归一化，以解决资源受限的平台上网络训练中样本分布不均匀的图像去噪问题；空洞卷积仅用于单一子网络，通过扩大感受野来捕获更多的上下文信息并提取更多深度特征，与获得的宽度特征形成互补。此外，该操作能扩大两个子网络的结构差异，提升去噪性能。

（2）面向图像去噪的注意力引导去噪卷积神经网络利用注意力机制中的当前状态引导之前的状态，从复杂背景的噪声图像中提取显著性特征；利用空洞卷积和标准卷积在 CNN 中实现一种稀疏机制，以提高去噪性能和效率；根据信号传递的思想，利用一个长路径融合全局和局部特征，增强网络浅层对深层的作用；利用注意力机制从复杂背景中提取显著性噪声信息，并利用残差学习技术移除噪声，获得清晰图像。

针对图像超分辨率问题，本书从提高图像超分辨率性能和计算效率的角度出发，设计基于级联卷积神经网络的图像超分辨率方法、基于异构组卷积神经网络的图像超分辨率方法。

（1）面向图像超分辨率的模块深度卷积神经网络从低分辨率图像中提取网络层次的低频特征，融合这些特征能获得粗 SR 特征；通过细化方式解决由上采样操作引起的训练过程不稳定问题；采用堆叠的特征提取不同类型的特征，融合这些特征，增强网络浅层对深层的作用；增强块通过残差学习技术融合特征增强块中的所有长路径特征，防止反复蒸馏操作引起边缘信息丢失；通过堆积卷积方法提取准确特征。

（2）面向图像超分辨率的异构组卷积神经网络使用异构架构和细化块增强不同通道的内部和外部交互，既通过并行方式，又通过串行方式获得更丰富的不同类型的低频结构信息，非常适用于复杂场景下的图像超分辨；通过多级增强机制指导卷积神经网络实现对称架构，逐步改善网络对结构信息的处理效果。

针对图像去水印问题，本书设计了基于自监督学习的图像去水印方法，提出了面向图像去水印的自监督学习网络。它利用自监督机制获取参考水印图像以测试添加水印的质量；设计了具有简单组件的异构 U-Net，以在图像去水印中获得更多层次和互补的结构信息；利用混合损失函数提取更多结构信息和纹理信息，增强所提出的图像去水印方法的鲁棒性。

本书详细介绍了深度学习与图像复原相关技术方法，对读者学习相关知识有一定的参考意义。

8.2　展望

本书以实际需求为出发点，结合目标任务的特点和深度网络设计规则进行介绍，所介绍的方法能够解决图像去噪、图像超分辨率、图像去水印中的部分问题。但是在图像复原领域仍存在一些研究难点与挑战。

（1）复原未标注受损图像。在实际应用中，收集到的大部分受损图像缺乏对应的清晰图像。目前，大部分网络采用的方法是先在大量有标签的受损图像中训练模型，再将其用于处理没有类别标签的受损图像。上述方法会带来较大的训练代价，同时所训练的模型不能更好地处理受损图像。因此，如何以无监督方式设计一种高效深度网络、估计受损图像的类别标签是未来研究的重点。

（2）复原低分辨率视频。现有大部分视频超分辨率网络都以牺牲硬件资源为代价来提高视频的分辨率，这对硬件平台的配置提出了较高要求。此外，这些方法不能根据视频的受损程度，自适应地恢复高清视频。因此，根据视频的受损程度设计轻量级视频超分辨率网络非常有意义。

（3）多模态图像复原。多模态技术已经广泛应用于多个领域，未来的研究可将多模态图像信息结合，通过深度学习技术实现图像复原。

致谢

首先，由衷地感谢所有支持和参与本书编写的人员。本书的编写能够顺利完成，得益于这些人的共同努力。

以下是我要感谢的人。

首先，感谢所在团队的每位成员。从最初的概念设计到最终的图书出版，每个阶段都凝聚着我们共同的努力与智慧。我们在每次探讨交流的过程中，能够相互启发。一些深入的思考和独到的见解为本书的内容注入了生命力。感谢团队成员的专业素养、尊重与信任。

其次，感谢研究深度学习与图像复原技术的前辈。感谢前辈的开创性研究，为深度学习与图像复原技术树立了不朽的丰碑。通过学习和借鉴前辈的理论成果，我们的研究视野更加开阔，创造力也得以激发。感谢前辈的智慧与付出，我们将在这个领域继续前行，为深度学习与图像复原贡献自己的力量。

最后，感谢本书的读者。书有读者，方显其价，如画需观者，方显其美。感谢读者的支持与信任，希望本书能够在您学习深度学习与图像复原技术的过程中提供一些帮助和启发。

再次向上述所有对本书提供支持与帮助的人致以最真挚的感谢。

田春伟

2024 年 9 月